中等职业教育系列教材

冲压模具技术

主编　范玖红
参编　张　艳

机械工业出版社

本教材是为适应中等职业教育教学改革的需要编写的。全书共分 6 章，分别为：认识冲压、冲裁、弯曲、拉深、其他冲压方法和冲压模具钳工实训。

本书可作为中等职业学校模具专业及数控技术应用专业的教材，也可作为中等职业学校机械类专业教材及机械工人岗位培训教材和自学用书。

图书在版编目（CIP）数据

冲压模具技术/范玖红主编．—北京：机械工业出版社，2006.9
（2024.7 重印）
中等职业教育系列教材
ISBN 978-7-111-19928-1

Ⅰ．冲…　Ⅱ．范…　Ⅲ．冲模-专业学校-教材　Ⅳ．TG385.2

中国版本图书馆 CIP 数据核字（2006）第 112225 号

机械工业出版社（北京市百万庄大街 22 号　邮政编码 100037）
策划编辑：王海峰　责任编辑：汪光灿　崔占军　王海峰　版式设计：张世琴
责任校对：李秋荣　封面设计：陈　沛　责任印制：常天培
固安县铭成印刷有限公司印刷
2024 年 7 月第 1 版第 10 次印刷
184mm×260mm · 8 印张 · 195 千字
标准书号：ISBN 970-7-111-19928-1
定价：25.00 元

电话服务	网络服务
客服电话：010-88361066	机 工 官 网：www.cmpbook.com
010-88379833	机 工 官 博：weibo.com/cmp1952
010-68326294	金 书 网：www.golden-book.com
封底无防伪标均为盗版	机工教育服务网：www.cmpedu.com

前　言

随着我国国民经济的高速发展以及发达国家制造业不断向我国的转移，使得与产品开发、制造密切相关的模具工业得到迅速的发展，也使得中等职业技术学校对模具人才的培养任务变得越来越艰巨。为贯彻党的第十六次全国代表大会“全面推进素质教育，造就数以亿计的高素质劳动者、数以千万计的专门人才和一大批拔尖创新人才”的精神，我们编写本书时的宗旨为：以突出应用型、技能型人才的培养为目的，教材内容图文并茂、浅显易懂、理论联系实际，在通用性和实用性的基础上强化了模具典型结构的分析，增加了冲压模具钳工实训等章节。

本书由范玖红、张艳编写，范玖红编写第一章、第五章、第六章及第二章的第七、八节、第三章的第五节，其余部分由张艳编写。

由于编者水平有限，如有不妥之处，恳切希望广大读者批评指正。

编　者

目　　录

第一章 认识冲压

第一节 冲压概述

一、冲压基本概念

冷冲压是利用安装在压力机上的冲压模具对材料施加压力，使其产生分离或塑性变形，从而获得所需要工件（俗称冲压件或冲件）的一种压力加工方法，因为它通常是在室温下进行加工的，所以称为冷冲压。又因为它主要是用板料加工成工件，所以又称为板料冲压。冷冲压不但可以加工金属材料，而且还可以加工非金属材料。

（一）冲压模具

冲压模具是将材料加工成所需冲件的一种工艺装备。冲模在冷冲压生产中至关重要，没有符合要求的冲模，冷冲压就无法进行。

如图1-1所示为简单冲裁模具，上模部分由模柄1、凸模4等组成，下模部分由凹模6、下模座7等组成。上模部分通过模柄安装在压力机的滑块上，随滑块作上下运动。下模部分通过下模座固定在压力机工作台上，模具的工作零件是凸模和凹模，凸、凹模工作部分的外形轮廓为封闭曲线。将板料置于凹模上，当凸模随滑块向下运动时，便冲穿条料进入凹模，使板料相互分离而完成冲裁工序。

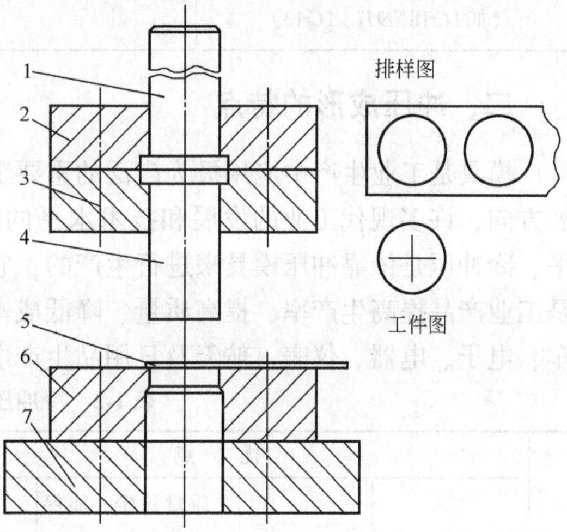

图1-1 简单冲裁模

1—模柄 2—上模座 3—凸模固定板 4—凸模 5—条料 6—凹模 7—下模座

（二）冲压材料

冲压所用的材料，不仅要满足冲压件的使用要求，还应满足冲压工艺的要求和后续加工的要求（如切削加工、电镀、焊接等）。冲压工艺对材料的基本要求主要有如下几个方面：

1. 有良好的冲压成形性能

对于成形工序，为了有利于冲压变形和冲压件质量的提高，材料应具有良好的冲压成形性能，即具有良好的塑性（均匀伸长率 δ_j 高），屈强比 σ_s/σ_b 和屈弹比 σ_s/E 小，板厚方向性系数 r 大，板平面方向性系数 Δr 小。

对于分离工序，只要求材料有一定的塑性，而对材料的其他成形性能指标没有严格的要求。

2. 具有较高的表面质量

材料的表面应光洁平整，无氧化皮、裂纹、锈斑、划伤、分层等缺陷。因为表面质量好的材料，成形时不易破裂，不易擦伤模具，冲件的表面质量也好。

3. 材料的厚度公差要符合国家标准

因为一定的模具间隙适用于一定厚度的材料，若材料的厚度公差太大，不仅直接影响冲件的质量，还可能导致模具或压力机的损坏。

冲压生产常用的材料有：金属板料和非金属板料。常用冲压板料见表 1-1。

表 1-1　冲压用板料

金属板料		非金属板料
钢铁材料	非铁金属	
碳素结构钢（如 $Q235$） 优质碳素结构钢 （如 $08F$、10） 低合金高强度结构钢 （如 $Q345$（$16Mn$）） 电工硅钢板 （如 $D12$、$D41$） 不锈钢板 （如 $1Cr18Ni9Ti$、$1Cr13$）	纯铜板（如 $T1$、$T2$） 黄铜板（如 $H62$、$H68$） 铝板 （如 1050A（$L3$）、1035（$L4$）） 钛合金板 镍铜合金板	绝缘胶木板 纸板 纤维板 塑料板 橡胶板 有机玻璃层压板 毛毡

二、冲压成形的特点

模具是工业生产中应用极为广泛的重要工艺装备，是当代工业生产的重要手段和工艺发展方向，许多现代工业的发展和技术水平的提高，在很大程度上取决于模具工业的发展水平。冷冲压是依靠冲压模具来进行生产的，它与其他加工方法相比，具有独到的优缺点。它是工业产品提高生产率、提高质量、降低成本的必要保证，所以在工业生产中，特别是在汽车、电子、电器、仪表、航天及日用品生产中得到了广泛应用，表 1-2 列出了其主要特点。

表 1-2　冷冲压生产的主要特点

	优点				缺点		
	效率高	材料利用率高	质量稳定；能保证工件的均一性和互换性； 对操作人员技术要求不高	壁薄、刚度好	成本高、周期长	工作条件差	不能制造出精度要求极高的制件
产生原因	产品依靠冲模与冲压设备完成加工	无（少）切削加工	产品质量靠模具质量保证	原材料是质量好的带材、板材	模具成本高，产品批量大时，才有较高的经济效益	压力机噪声大，有不安全因素	成形机理的限制

第二节　冲压加工的基本工序

冲压加工的工件，由于其形状、尺寸、精度要求、生产批量、原材料性能等各不相同，因此生产中所采用的冷冲压工序是多种多样的，有的冲压件需要几道工序才能生产出来，因此掌握冲压工序的分类、冲压工序的性质至关重要。

冲压工序的分类概括起来可分为分离工序、成形工序。分离工序是指使板料按一定的轮廓线分离而获得一定形状、尺寸和切断面质量的冲压件（俗称冲裁件）的工序。成形工序是指坯料在不破裂的条件下产生塑性变形而获得一定形状和尺寸的冲压件的工序。

一、冲压加工的基本工序

上述两类工序，按冲压方式不同又具体分为很多基本工序，见表1-3、表1-4、表1-5。

表1-3 分离工序

工序名称	工序简图	工序含义
冲孔	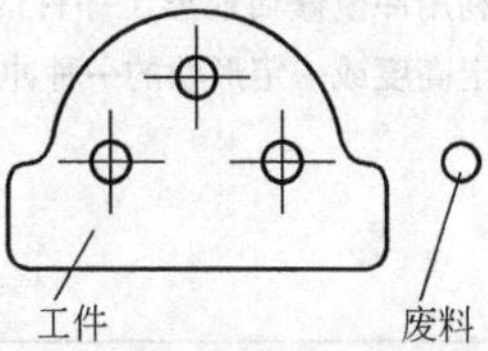	将废料沿封闭轮廓从材料或工序件上分离下来，从而在材料或工序件上获得需要的孔
冲中心孔	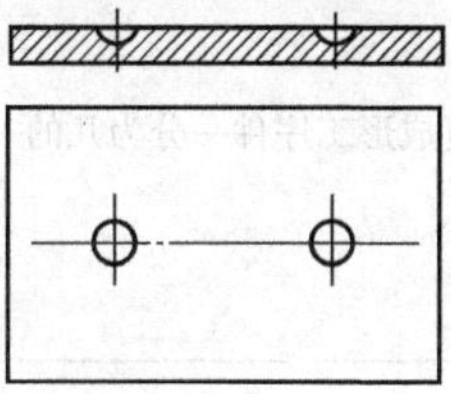	冲中心孔是在工序件表面形成浅凹中心孔的一种冲压工序，背面材料并无相应凸起
落料	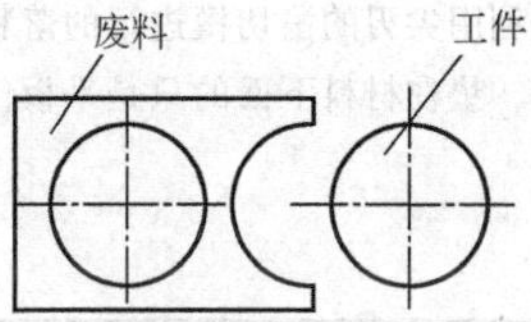	将材料沿封闭轮廓分离，被分离下来的部分大多是平板形的工件或工序件
切断	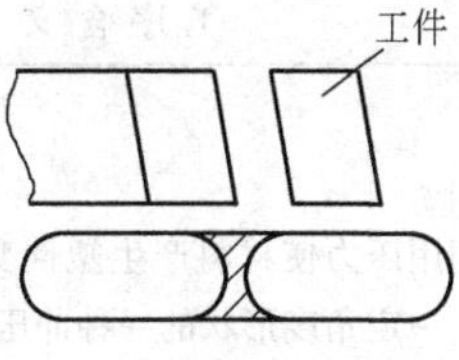	切断是将材料沿敞开轮廓分离的一种冲压工序
切舌	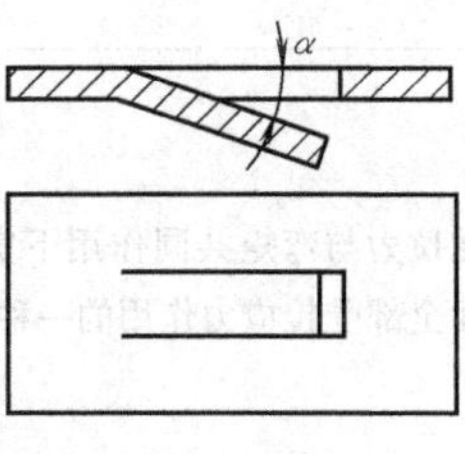	切舌是将材料沿敞开轮廓局部而不是完全分离的一种冲压工序。被局部分离的材料，具有工件所要求的一定位置

（续）

工序名称	工序简图	工序含义
切开	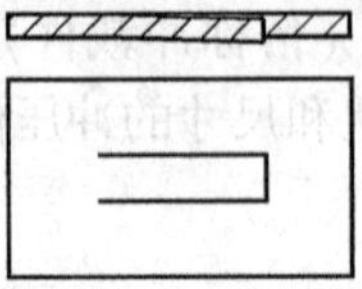	切开是将材料沿敞开轮廓局部而不是完全分离的一种冲压工序。被切开而分离的材料位于或基本位于分离前所处的平面上
切边	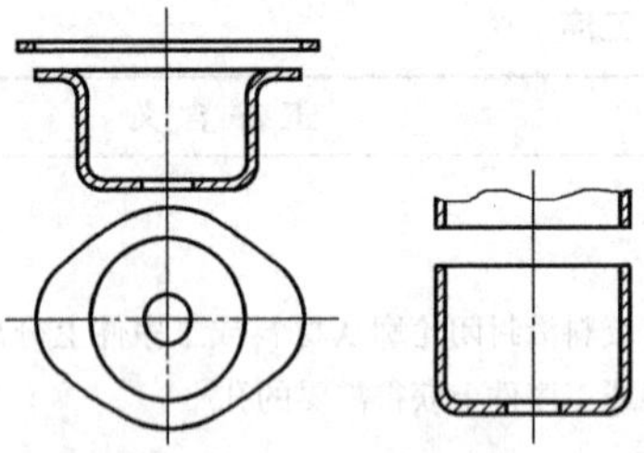	切边是利用冲模修切成形工序件的边缘，使之具有一定直径、一定高度或一定形状的一种冲压工序
剖切	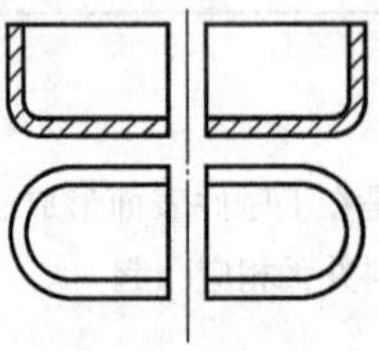	剖切是将成形工序件一分为几的一种冲压工序
凿切	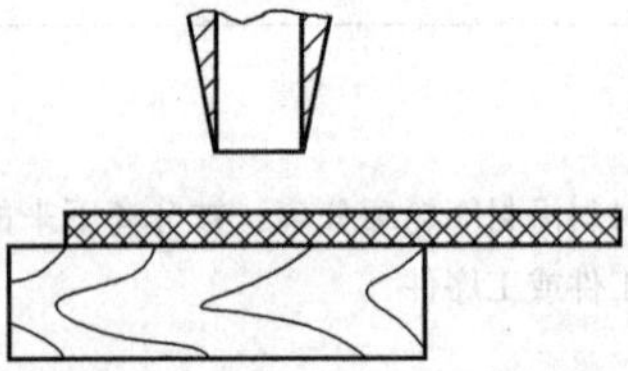	凿切是利用尖刃的凿切模进行的落料或冲孔工序。凿切并无下模，垫在材料下面的只是平板，被冲材料绝大多数是非金属

表 1-4　成形工序

工序名称	工序简图	工序含义
弯曲	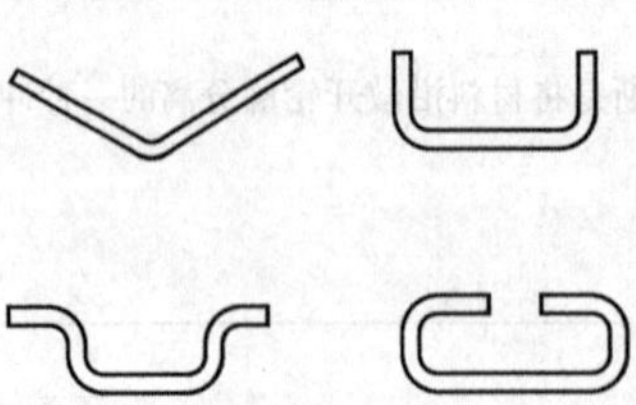	弯曲是利用压力使材料产生塑性变形，从而被弯成具有一定曲率、一定角度形状的一种冲压工序
拉弯	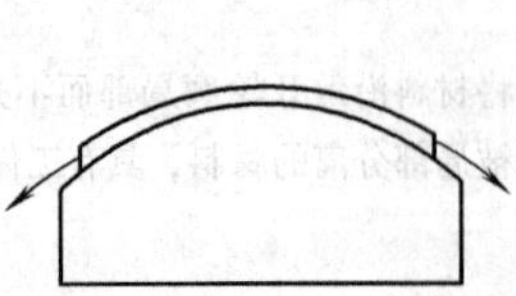	拉弯是在拉力与弯矩共同作用下实现弯曲变形，使整个弯曲横断面全部受拉应力作用的一种冲压工序

（续）

工序名称	工序简图	工序含义
扭弯	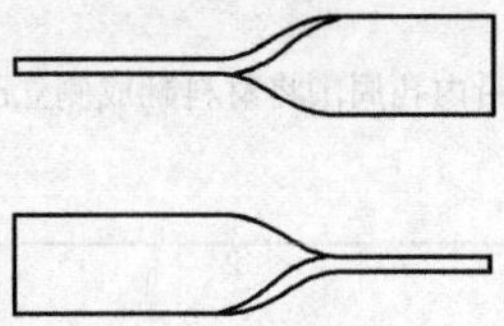	扭弯是将平直或局部平直工序件的一部分相对另一部分扭转一定角度的冲压工序
卷圆	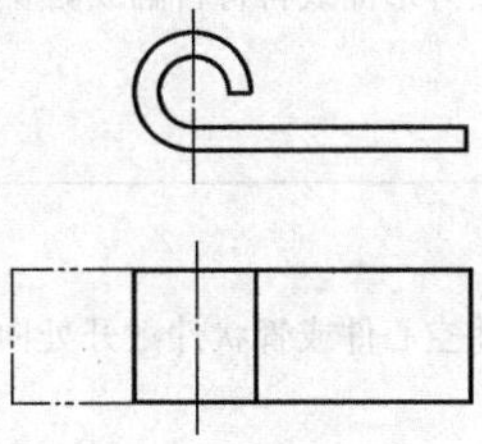	卷圆是将工序件边缘卷成接近封闭圆形的一种冲压工序。卷圆圆形的轴线呈直线形
卷缘	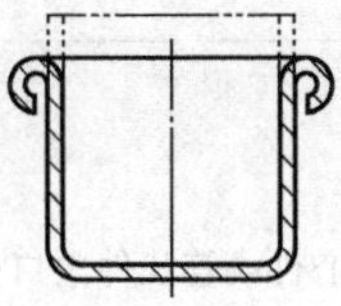	卷缘是将空心件上口边缘卷成接近封闭圆形的一种冲压工序。卷边圆形的轴线呈曲线
拉深	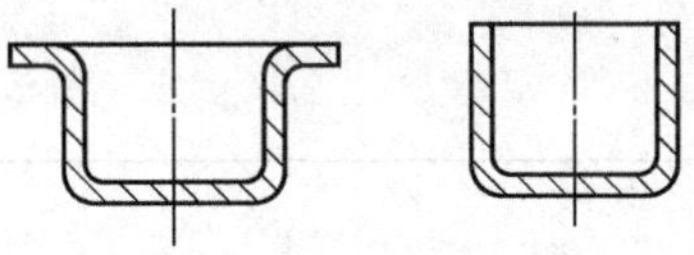	拉深是把平直毛坯或工序件变为空心件，或把空心件进一步改变形状和尺寸的一种冲压工序。拉深时空心件主要依靠位于凸模底部以外的材料流入凹模而成形
反拉深	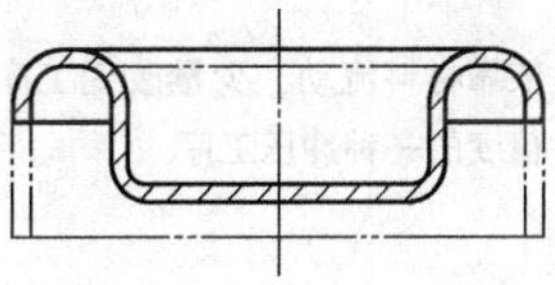	反拉深是把空心工序件内壁外翻的一种拉深工序
起伏成形	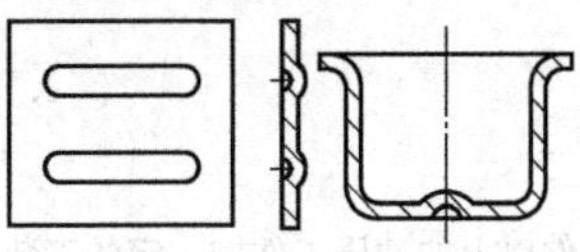	起伏成形是依靠材料的延伸使工序件形成局部凹陷或凸起的冲压工序。厚度的少量改变是变形过程中自然形成的，不是设计指定的要求
胀形	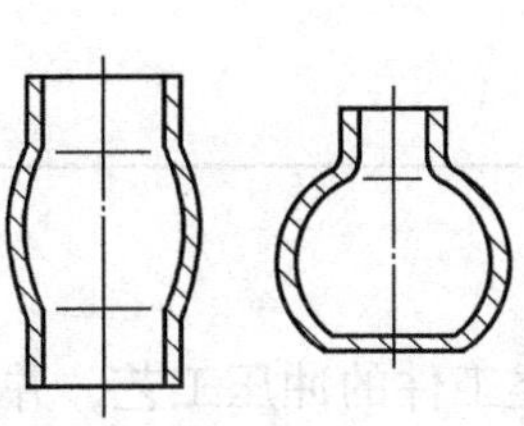	胀形是将平板局部向外扩张，或将空心、管状件沿径向向外扩张的一种冲压工序

（续）

工序名称	工序简图	工序含义
翻孔	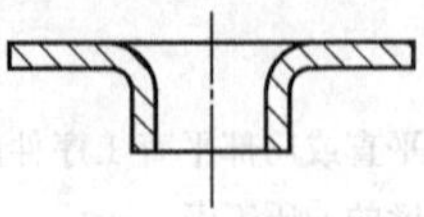	翻孔是沿内孔周围将材料翻成侧立凸缘的一种冲压工序
翻边	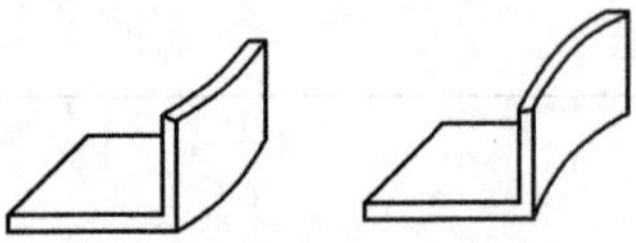	翻边是沿外形曲线将材料翻成侧立短边的一种冲压工序
扩口	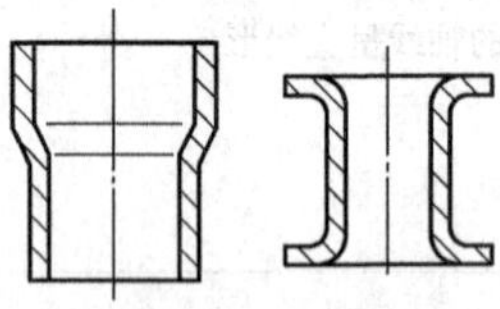	扩口是将空心件或管状件敞开处向外扩张的一种冲压工序
缩口缩径	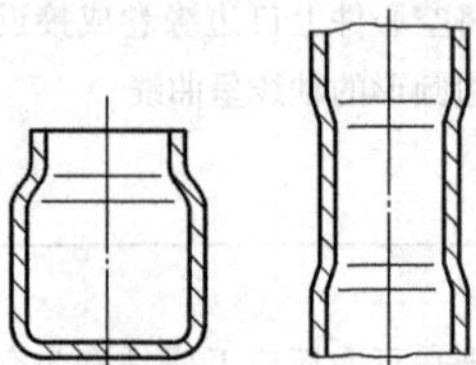	缩口是将空心件或管状件敞口处加压使其缩小的一种压工序
校平 整形	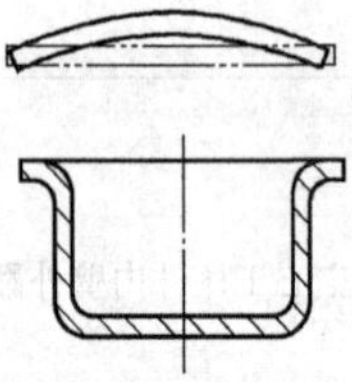	校平是提高局部或整体平面型工件平直度的一种冲压工序 整形是依靠材料流动，少量改变工序件形状和尺寸，以保证工件精度的一种冲压工序

表 1-5　装配工序

装配工序	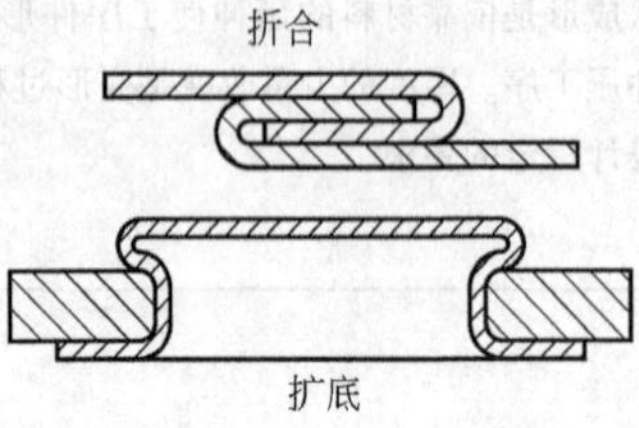	将两件以上的冲压工件按一定的工装方法冲压在一起

二、冲压工序的应用

学习冲压工序的分类和性质有利于我们制订各类工件的冲压工艺，并依据工艺设计模具。表 1-6 所示为冲压件炉盘的冲压工艺规程，它反映了该产品的冲压工艺过程。

表 1-6 冲压工艺规程卡片

(厂名)		产品名称	材料牌号	材料规格/mm×mm×mm	共 页
		炉 盘	08 带钢	0.3×280×10000	第 页
工序号	**工序名称**	**工序内容**	**加工简图**	**设备**	**工艺装备**
1	落料拉深	落料与首次拉深复合	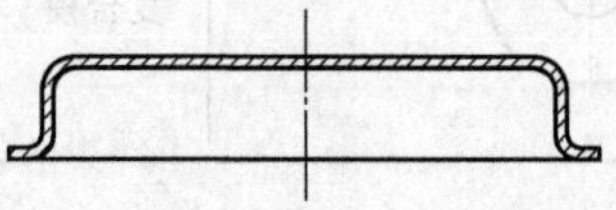	J23-40	落料拉深复合模
2	反拉深	反拉深	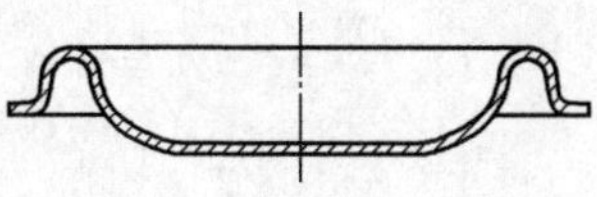	J23-25	反拉深模
3	卷缘	凸缘卷缘	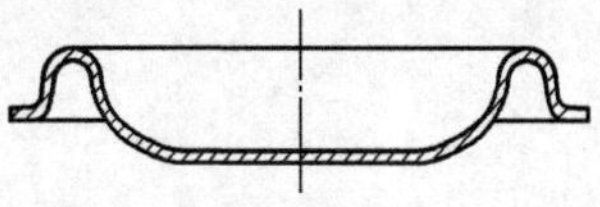	专用设备	卷缘模
4	冲孔翻孔	冲孔与翻孔复合	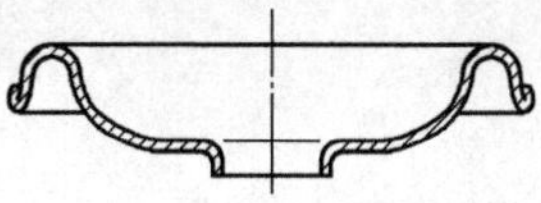	J23-16	冲孔翻孔复合模
5	检验	按产品工件图检验			
编制	年 月 日	审核	年 月 日	会签	月 日

表 1-7 所示为垫圈的三种冲压生产方案，我们可以根据实际生产情况，来确定用哪一种方案比较理想。

表 1-7 垫圈的三种冲压生产方案

	工序名称	工序简图	工艺装备	特点及应用
方案一	落料	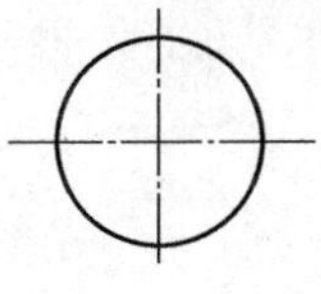	单工序落料模具	模具结构简单，成本低，但工件精度不高。适于小批量生产
	冲孔	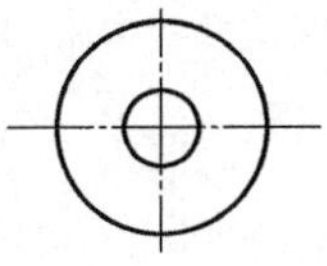	单工序冲孔模具	
方案二	冲孔落料	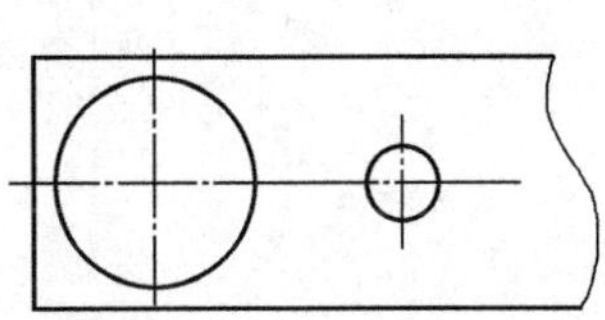	冲孔落料连续模	模具结构较复杂，成本较高，但工件精度高。适于大批量的生产

（续）

	工序名称	工序简图	工艺装备	特点及应用
方案三	落料冲孔	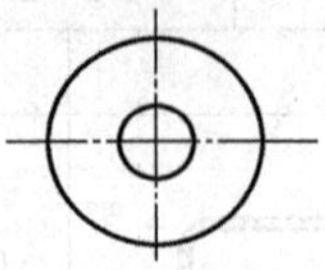	落料冲孔复合模	模具结构复杂，成本较高，但工件精度极高。适于大批量生产

第二章　冲　　裁

冲裁是利用模具使板料产生分离的冲压工序，包括落料、冲孔、切断、剖切、修边等。但一般来说，冲裁主要是指落料和冲孔工序。若使材料沿封闭曲线相互分离，封闭曲线以内的部分作为冲裁件时，称为落料；封闭曲线以外的部分作为冲裁件时，称为冲孔。

冲裁是冲压生产中的主要工序之一，它既可以直接冲制成品工件，又可以为弯曲、拉深、成形等工序制备毛坯。

第一节　冲裁变形过程

一、冲裁变形过程

冲裁时板料的变形具有明显的阶段性，可分为如下三个阶段：如图 2-1 所示。

1. 弹性变形阶段

冲裁开始，在凸模压力下，材料产生弯曲变形、弹性压缩、拉伸，凸模稍许挤入板料上部，板料的下部则略挤入凹模孔口，刃口处的材料所受的应力逐渐增大，直至达到弹性极限。若使凸模回升，变形将完全消失。

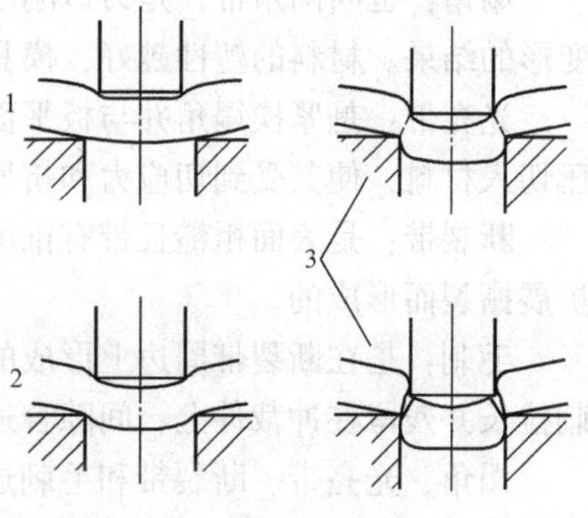

图 2-1　冲裁变形过程

1—弹性变形阶段　2—塑性变形阶段

3—断裂分离阶段

2. 塑性变形阶段

凸模继续下压，塑性变形便从刃口附近开始。随着凸凹模切刃的挤入，板料的整个厚度方向上产生塑性变形，变形区的一部分相对于另一部分移动，随凸模挤入板料深度的增大，塑性变形程度增大，变形区材料硬化加剧，冲裁力不断增大，直至刃口附近的材料由于拉应力的作用出现微裂纹时，冲裁力达到最大值，塑性变形阶段结束。

由于凸、凹模间有间隙，该阶段冲裁区还伴随着金属的弯曲和拉深，间隙越大，弯曲和拉深也越大。

3. 断裂分离阶段

当刃口附近的材料达到极限应变与应力时，材料裂纹便产生。裂纹先在凹模刃口附近的侧面开始产生，然后才在凸模刃口附近的侧面产生。已形成的上下微裂纹随凸模继续压入，不断向材料内部扩展，当上下裂纹重合时，材料便被剪断分离。

由于凸、凹模之间存在间隙，无论是落料件还是冲孔件都是带有锥度的，其小端尺寸取决于凸模尺寸，大端尺寸取决于凹模尺寸。

冲裁后，剪切面周围变形区域的材料产生加工硬化，随着加工硬化的加剧，材料的强度、硬度上升，而塑性和韧性下降。

二、冲裁断面分析

由于冲裁变形的特点，使冲出的工件断面明显地分成四个部分，即塌角、光亮带、断裂带和毛刺，如图 2-2 所示。

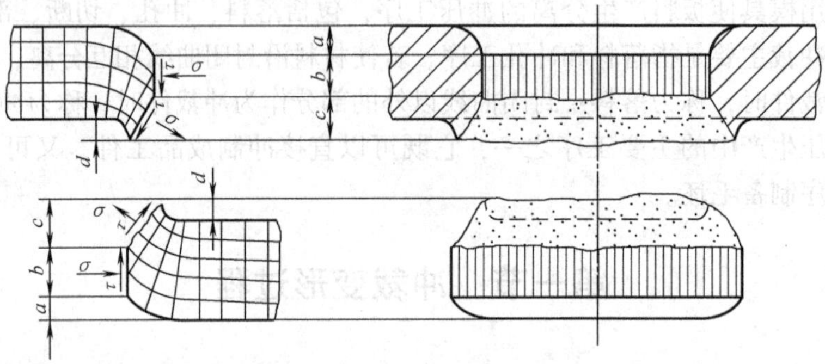

图 2-2　冲裁区应力、变形情况及冲裁断面状况

a—塌角　b—光亮带　c—断裂带　d—毛刺　σ—正压力　τ—切应力

塌角：也叫圆角带，是刃口刚压入材料时，刃口附近的材料被牵连拉入产生弯曲和伸长变形的结果。材料的塑性越好，模具间隙越大，塌角将越大。

光亮带：是紧挨塌角并与板平面垂直的光亮部分，它是在塑性变形过程中凸模或凹模挤压切入材料，使其受到切应力和挤压应力的作用而形成的。光亮带是最理想的冲裁断面。

断裂带：是表面粗糙且带有锥度的部分，它是由于刃口处的微裂纹在拉应力作用下不断扩展撕裂而形成的。

毛刺：是在断裂带周边上形成的不规则的撕裂毛边，当凸模继续下行时，使已形成的毛刺拉长并残留在冲裁件上，间隙合适时，毛刺的高度小而根部细，易于去除。

塌角、光亮带、断裂带和毛刺这四部分在冲裁断面上所占的比例随材料的力学性能、料厚、刃口锐钝、模具结构、凸凹模间隙等不同而变化。塑性差的材料，断裂倾向严重，断裂带增宽，光亮带、塌角所占比例较小，毛刺也较小，塑性好的材料则相反。

第二节　冲 裁 间 隙

冲裁间隙是指凸、凹模刃口之间的间隙。凸模与凹模每侧的间隙称为单面间隙，两侧间隙之和称为双面间隙。如无特殊说明，冲裁间隙就是指双面间隙。间隙对冲裁件的质量、冲裁力、模具寿命的影响很大，是冲裁工艺与模具设计中的一个极其重要的问题。

一、间隙对冲裁件质量的影响

冲裁件质量主要通过切断面质量、尺寸精度和形状误差来判断。在影响冲裁件质量的诸多因素中，间隙的大小和均匀程度是主要因素。

1. 间隙对断面质量的影响

如图 2-3 所示，冲裁时，上、下裂纹是否重合与凸、凹模间隙值的大小有关，只有凸、凹模间隙适当时，裂纹才重合，此时工件断面斜度很小，并且比较平直光滑，毛刺小，无裂纹分层。

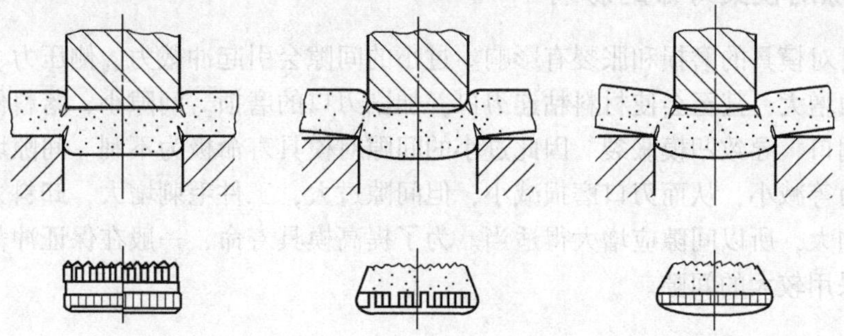

a) b) c)

图 2-3 间隙对断面质量的影响

a）间隙过小 *b*）间隙合适 *c*）间隙过大

当间隙过小时，凸模刃口附近的裂纹比正常间隙时向外错开一段距离，上、下裂纹产生后不重合。当凸模继续下压时，上下裂纹之间的材料将产生第二次剪切，出现第二光亮带。在两个光亮带之间形成断裂带，在端面出现挤长的毛刺，毛刺虽有所增长，但容易去除，而且工件翘曲小，断面斜度和塌角小，只要中间撕裂不是很深，仍可使用。

当间隙过大时，凸模刃口处的裂纹较正常间隙时向里错开一段距离，上下裂纹也不重合；材料的弯曲与拉伸增大，拉应力增大，材料易被撕裂，致使光亮带减小，塌角和斜度增大，形成厚而大的拉长毛刺，且难以去除。同时工件翘曲现象严重。

当间隙不均匀时，在间隙不合理处将出现毛刺，断面质量差。因此模具设计制造与安装时，必须保证间隙均匀。

2. 间隙对尺寸精度的影响

冲裁件的尺寸精度是指冲裁件的实际尺寸与基本尺寸的差值，差值越小，则精度越高。影响尺寸精度的因素有两个方面：一是模具的制造偏差；二是冲裁件相对于凸模或凹模尺寸的偏差。

冲裁件相对于凸模或凹模尺寸的偏差，主要是由于工件脱离模具时，在冲裁中所受的挤压变形、纤维伸长、翘曲变形都要产生弹性回复造成的。

当间隙较大时，材料所受的拉伸作用增大，冲裁后因材料的弹性回复使落料件尺寸小于凹模尺寸，冲孔件孔径大于凸模直径。当间隙较小时，由于材料受凸、凹模侧向挤压力大，冲裁后材料的弹性回复使落料件尺寸增大，冲孔件孔径变小。

上述因素的影响是在模具制造精度一定的前提下讨论的。若冲模的制造精度低，则冲裁出的工件精度也就无法保证。所以，凸、凹模的制造公差要按工件的尺寸要求来决定。冲模制造精度应高于冲裁件精度。

二、间隙对冲裁力的影响

间隙增大，材料所受的拉应力增大，易断裂分离，冲裁力有一定程度的降低，但并不很大。间隙对卸料力、推件力的影响比较显著，随间隙增大，卸料力和推件力都将减小，当单边间隙增大到料厚的15%～25%时，卸料力几乎为零。

三、间隙对模具寿命的影响

间隙主要对模具的磨损和胀裂有影响。过小的间隙会引起冲裁力、侧压力、摩擦力、卸料力、推件力增大，甚至会使材料粘连刃口，加剧刃口的磨损。间隙小，落料件或废料往往梗塞在凹模洞口，导致凹模胀裂。因此过小的间隙对模具寿命极为不利。间隙增大，可使冲裁力、卸料力等减小，从而刃口磨损减小，但间隙过大，工件毛刺增大，卸料力增大，反而使刃口磨损加大，所以间隙应增大得适当。为了提高模具寿命，一般在保证冲裁件质量的前提下，适当采用较大的间隙。

四、冲裁间隙的确定

冲裁间隙的数值等于凹模与凸模刃口部分尺寸之差（如图2-4所示），即

$$Z = D_A - d_T$$

式中　Z——冲裁间隙；

D_A——凹模刃口尺寸；

d_T——凸模刃口尺寸。

由以上分析可知，冲裁间隙对冲裁件质量、冲裁力、模具寿命都有很大的影响。因此，设计模具时要合理地选择间隙，使冲裁件的断面质量较好、尺寸精度较高、冲裁力较小、模具寿命较高。但想用同一间隙值能同时满足上述各方面的要求是不大可能的。在实际生产中，主要根据冲裁件断面质量、尺寸精度、模具寿命这三个因素，把间隙选择在彼此比较接近的某一范围内作为合理间隙，只要间隙在这个范围内，就可以得到合格的工件和较长的模具寿命。这个范围的最小值称为最小合理间隙，最大值称为最大合理间隙。

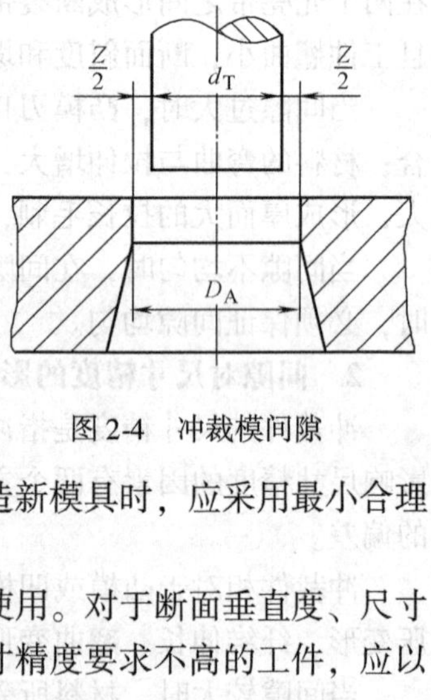

图2-4　冲裁模间隙

考虑到模具在使用过程中的磨损使间隙增大，故设计和制造新模具时，应采用最小合理间隙。生产实践中常用经验确定法，确定凸、凹模合理间隙。

根据近年来的研究和使用经验，间隙值要按使用要求分类使用。对于断面垂直度、尺寸精度要求高的工件应选用较小的间隙值。对于断面垂直度、尺寸精度要求不高的工件，应以降低冲裁力、提高模具寿命为主，可以采用大间隙值。

下面推荐两种常用的间隙表供设计时参考。一种是电器仪表行业所采用的小间隙，见表2-1；另一种是汽车、拖拉机行业所采用的大间隙，见表2-2。

表2-1　电器仪表行业冲裁模初始双面间隙 Z　（单位：mm）

材料厚度	软铝		纯铜、黄铜、软钢		杜拉铝、中等硬钢		硬钢	
t/mm	Z_{min}	Z_{max}	Z_{min}	Z_{max}	Z_{min}	Z_{max}	Z_{min}	Z_{max}
0.2	0.008	0.012	0.010	0.014	0.012	0.016	0.014	0.018
0.3	0.012	0.018	0.015	0.021	0.018	0.024	0.021	0.027
0.4	0.016	0.024	0.020	0.028	0.024	0.032	0.028	0.036

（续）

材料厚度 t/mm	软铝		纯铜、黄铜、软钢		杜拉铝、中等硬钢		硬钢	
	Z_{min}	Z_{max}	Z_{min}	Z_{max}	Z_{min}	Z_{max}	Z_{min}	Z_{max}
0.5	0.020	0.030	0.025	0.035	0.030	0.040	0.035	0.045
0.6	0.024	0.036	0.030	0.042	0.036	0.048	0.042	0.054
0.7	0.028	0.042	0.035	0.049	0.042	0.056	0.049	0.063
0.8	0.032	0.048	0.040	0.056	0.048	0.064	0.056	0.072
0.9	0.036	0.054	0.045	0.063	0.054	0.072	0.063	0.081
1.0	0.040	0.060	0.050	0.070	0.060	0.080	0.070	0.090
1.2	0.050	0.084	0.072	0.096	0.084	0.108	0.096	0.120
1.5	0.075	0.105	0.090	0.120	0.105	0.135	0.120	0.150
1.8	0.090	0.126	0.108	0.144	0.126	0.162	0.144	0.180
2.0	0.100	0.140	0.120	0.160	0.140	0.180	0.160	0.200
2.2	0.132	0.176	0.154	0.198	0.176	0.220	0.198	0.242
2.5	0.150	0.200	0.175	0.225	0.200	0.250	0.225	0.275
2.8	0.168	0.224	0.196	0.252	0.224	0.280	0.252	0.308
3.0	0.180	0.240	0.210	0.270	0.240	0.300	0.270	0.330

此处的初始间隙即最小合理间隙，初始间隙的最大值是考虑到凸、凹模制造公差所增加的数值。在使用过程中，由于模具工作部分的磨损，间隙将有所增加，因而间隙的使用最大数值要超过表列数值。

冲裁 AL、皮革、石棉和纸板时，间隙取 08 钢时的 25%。

表 2-2 汽车、拖拉机行业冲裁模初始双面间隙 Z （单位：mm）

材料厚度 t/mm	08、10、35 09Mn2、Q235		Q345		40、50		65Mn	
	Z_{min}	Z_{max}	Z_{min}	Z_{max}	Z_{min}	Z_{max}	Z_{min}	Z_{max}
小于 0.5	极小间隙							
0.5	0.040	0.060	0.040	0.060	0.040	0.060	0.040	0.060
0.6	0.048	0.072	0.048	0.072	0.048	0.072	0.048	0.072
0.7	0.064	0.092	0.064	0.092	0.064	0.092	0.064	0.092
0.8	0.072	0.104	0.072	0.104	0.072	0.104	0.064	0.092
0.9	0.090	0.126	0.090	0.126	0.090	0.126	0.090	0.126
1.0	0.100	0.140	0.100	0.140	0.100	0.140	0.090	0.126
1.2	0.126	0.180	0.132	0.180	0.132	0.180		
1.5	0.132	0.240	0.170	0.240	0.170	0.240		
2.0	0.246	0.360	0.260	0.380	0.260	0.380		
2.1	0.260	0.380	0.280	0.400	0.280	0.400		
2.5	0.360	0.100	0.380	0.540	0.380	0.540		
2.75	0.400	0.560	0.420	0.600	0.420	0.600		
3.0	0.460	0.640	0.480	0.660	0.480	0.660		

第三节　冲裁力的计算

一、冲裁力曲线

冲裁力是冲裁过程中凸模对材料的压力，它是随凸模行程而变化的。如图 2-5 所示为 Q235 钢板的冲裁力与凸模行程关系曲线。图中 *OA* 段是弹性变形阶段，凸模开始接触板料，冲裁力迅速增加。*AB* 段为塑性变形阶段，切刃挤入板料，冲裁力的上升缓慢下来。当剪切面积减小与硬化增加两种影响相等时，冲裁力便达到最大值。*B* 点为冲裁力的最大值，在此点材料开始断裂。*BC* 段为裂纹扩展直至板料断裂分离阶段。*CD* 段主要是用于克服摩擦力和将材料从凹模内推出。

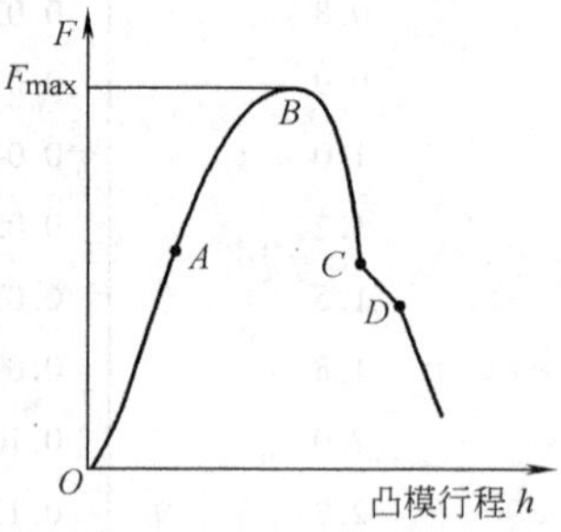

图 2-5　冲裁力曲线

二、冲裁力的计算

通常所说的冲裁力是指冲裁力的最大值。它是选用压力机、模具设计及强度校核的重要依据。选用压力机的吨位必须大于所计算的冲裁力，而且又能发挥压力机的潜力。

平刃冲模冲裁时，其冲裁力可按下式计算

$$F = KLt\tau$$

式中　F——冲裁力（N）；

L——工件周长（mm）；

t——材料厚度（mm）；

τ——材料的抗剪强度（MPa）；

K——修正系数，一般取 $K=1.3$。

三、卸料力、推件力、顶件力的计算

一般情况下，在冲裁结束时，由于弹性回复，落下的料在径向会涨大，冲出的孔在径向会产生收缩，同时板料力图恢复成原来的平直状态，导致冲落的材料梗塞在凹模内，板料上的孔紧箍在凸模上。将工件或废料从凸模上卸下所需要的力称卸料力。将凹模内的材料顺着冲裁方向推出的力称推件力。逆着冲裁方向将材料从凹模内顶出所需的力称顶件力，如图 2-6 所示。

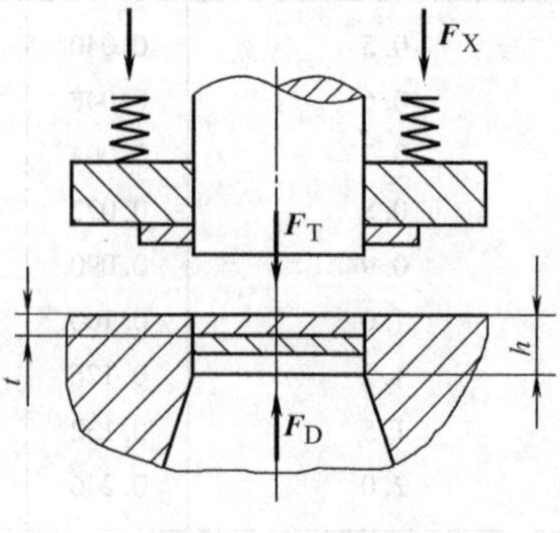

图 2-6　卸料力、推件力、顶件力

F_X—卸料力　F_T—推件力

F_D—顶件力

计算冲裁力的经验公式如下：

卸料力　　$F_X = K_X F$

推件力　　$F_T = nK_T F$

顶件力　　$F_D = K_D F$

式中　　n——同时卡在凹模内的工件或废料数目，$n = h/t$（h——凹模洞口直壁高度，t——材料厚度）。

K_X、K_T、K_D——卸料力系数、推件力系数、顶件力系数，见表2-3。

表2-3　卸料力、推件力、顶件力系数

料厚 t/mm		K_X	K_T	K_D
钢	≤0.1	0.065~0.075	0.1	0.14
	>0.1~0.5	0.045~0.055	0.063	0.08
	>0.5~2.5	0.04~0.05	0.055	0.06
	>2.5~6.5	0.03~0.04	0.045	0.05
	>6.5	0.02~0.03	0.025	0.03
铝、铝合金		0.025~0.08	0.03~0.07	
纯铜、黄铜		0.02~0.06	0.03~0.09	

注：卸料力系数 K_X 在冲多孔、大搭边和轮廓复杂制件时取上限值。

四、压力机公称压力的计算

在选择压力机时，以上这些力是否考虑进去，应根据模具的具体结构分别对待。如图2-7所示为不同模具结构中的卸料力、推件力、顶件力。

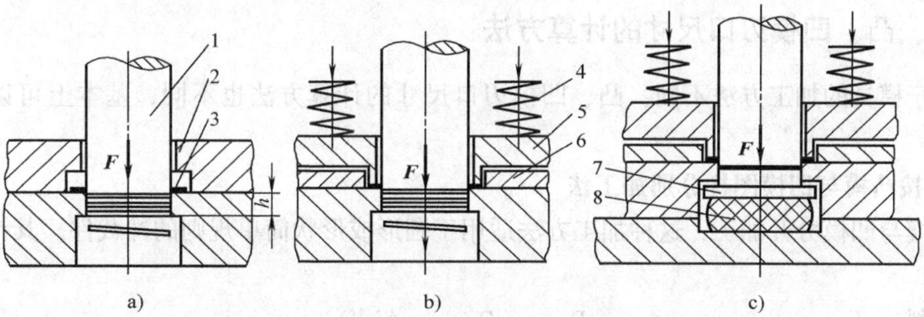

图2-7　不同模具结构中的卸料力、推件力、顶件力
1—凸模　2—刚性卸料板　3—废料　4—弹簧　5—弹性卸料板
6—导料板　7—顶料板　8—橡胶

采用刚性卸料装置和下出料方式的冲裁模时（如2-7a图所示），总的冲裁力为

$$F_Z = F + F_T$$

采用弹性卸料装置和下出料方式的冲裁模时（如2-7b图所示），总的冲裁力为

$$F_Z = F + F_X + F_T$$

采用弹性卸料装置和上出料方式的冲裁模时（如2-7c图所示），总的冲裁力为

$$F_Z = F + F_X + F_D$$

第四节　凸模与凹模刃口尺寸的确定

凸、凹模刃口的尺寸精度直接影响冲裁件的尺寸精度，模具的合理间隙值也要靠模具刃

口尺寸及其公差来保证。因此，在冲裁模模具设计中，凸、凹模刃口尺寸的确定是一项重要的工作。

一、凸、凹模刃口尺寸的计算原则

从生产实践中发现：由于凸、凹模之间存在间隙，使落料件和冲孔件都带有锥度，而且落料件的大端尺寸等于凹模尺寸，冲孔件的小端尺寸等于凸模尺寸，故计算刃口尺寸及其制造公差时，需考虑以下原则：

1）落料时，因制件尺寸由凹模尺寸决定，应先确定凹模尺寸，即以凹模尺寸为基准。又因落料件尺寸会随凹模刃口尺寸磨损而增大，落料凹模基本尺寸应取工件尺寸公差范围内的较小尺寸。而落料凸模基本尺寸则按凹模基本尺寸减最小初始间隙确定。

2）冲孔时，因孔的尺寸由凸模决定，应先确定凸模尺寸，即以凸模尺寸为基准。又因冲孔的尺寸会随凸模的磨损而减小，冲孔凸模基本尺寸应取工件孔的尺寸公差范围内的较大尺寸。而冲孔凹模基本尺寸则按凸模基本尺寸加最小初始间隙确定。

3）确定冲模刃口制造公差时，应根据冲裁件的精度要求。若对冲模精度要求过高（即制造公差过小），会使模具制造困难，增加成本，延长生产周期；若对冲模精度要求过低（即制造公差过大），则工件可能不合格，或使模具寿命降低。

二、凸、凹模刃口尺寸的计算方法

由于模具的加工方法不同，凸、凹模刃口尺寸的计算方法也不同，基本上可以分为两类。

1. 按凸模与凹模图样分别加工法

凸模与凹模分开加工，这种加工方法适用于圆形或形状简单规则的冲裁件。其计算公式如下

落料

$$D_A = (D_{max} - x\Delta)^{+\delta_A}_{0}$$

$$D_T = (D_A - Z_{min})^{0}_{-\delta_T} = (D_{max} - x\Delta - Z_{min})^{0}_{-\delta_T}$$

冲孔

$$d_T = (d_{min} + x\Delta)^{0}_{-\delta_T}$$

$$d_A = (d_T + Z_{min})^{+\delta_A}_{0} = (d_{min} + x\Delta + Z_{min})^{+\delta_A}_{0}$$

式中 D_A、D_T——落料凹、凸模尺寸；

d_T、d_A——冲孔凸、凹模尺寸；

D_{max}——落料件的最大极限尺寸；

d_{min}——冲孔件孔的最小极限尺寸；

Δ——冲裁件制件公差；

Z_{max}、Z_{min}——最大、最小初始双面间隙；

δ_T、δ_A——凸、凹模的制造公差，见表2-4；

$x\Delta$——磨损量，系数x是为了使工件的实际尺寸尽量接近工件公差带的中间尺寸。x值在0.5～1之间，与工件的制造精度有关，可查表2-5。

为了保证合理间隙值，必须满足下列条件

$$\left|\delta_T\right| + \left|\delta_A\right| \leqslant Z_{max} - Z_{min}$$

如果出现 $\left|\delta_T\right| + \left|\delta_A\right| > Z_{max} - Z_{min}$，但大得不多时，则凸、凹模公差应按公式 $\delta_T \leqslant 0.4 \times (Z_{max} - Z_{min})$ 和 $\delta_A \leqslant 0.6(Z_{max} - Z_{min})$ 适当调整，以满足上述条件。若出现 $\left|\delta_T\right| + \left|\delta_A\right| >> Z_{max} - Z_{min}$，则应采用凸、凹模配作法。

表 2-4　规则形状（圆形、方形件）冲裁时，凸模、凹模的制造公差

基本尺寸 /mm	凸模偏差 δ_T/mm	凹模偏差 δ_A/mm	基本尺寸 /mm	凸模偏差 δ_T/mm	凹模偏差 δ_A/mm
≤18	0.020	0.020	>180～260	0.030	0.045
>18～30	0.020	0.025	>260～360	0.025	0.050
>30～80	0.020	0.030	>360～500	0.040	0.060
>80～120	0.025	0.035	>500	0.050	0.070
>120～180	0.030	0.040			

表 2-5　系数 x

材料厚度 t/mm	非圆形			圆形	
	1	0.75	0.5	0.75	0.5
	工件公差 Δ/mm				
1	<0.16	0.17～0.35	≥0.36	<0.16	≥0.16
1～2	<0.20	0.21～0.41	≥0.42	<0.20	≥0.20
2～4	<0.24	0.25～0.49	≥0.50	<0.24	≥0.24
>4	<0.30	0.31～0.59	≥0.60	<0.30	≥0.30

采用凸、凹模分别加工法，凸、凹模具有互换性，制造周期短，便于成批制造。但为了保证合理间隙，模具制造公差小，制造困难，成本较高，单件生产时，采用此法不经济。

例 2-1　冲制如图 2-8 所示的垫圈，材料为 35 钢，厚度为 1mm，计算冲裁凸、凹模刃口部分尺寸。

解　工件外形 $\phi 36_{-0.46}^{\ 0}$ 属于落料，内形 $\phi 18_{\ 0}^{+0.38}$ 属于冲孔。

查表 2-2，得

$$Z_{max} = 0.140\text{mm}; Z_{min} = 0.100\text{mm}$$

$$Z_{max} - Z_{min} = 0.140\text{mm} - 0.100\text{mm} = 0.040\text{mm}$$

（1）落料 $\phi 36_{-0.46}^{\ 0}$

$$D_A = (D_{max} - x\Delta)_{\ 0}^{+\delta_A}$$

$$D_T = (D_A - Z_{min})_{-\delta_T}^{\ 0}$$

查表 2-4 和表 2-5 得

$$\delta_T = 0.020\text{mm};\ \delta_A = 0.030\text{mm};\ x = 0.5$$

校核间隙

$$\left|\delta_T\right| + \left|\delta_A\right| = (0.020 + 0.030)\text{mm} = 0.050\text{mm}$$

而 $$Z_{max} - Z_{min} = 0.040\text{mm}$$

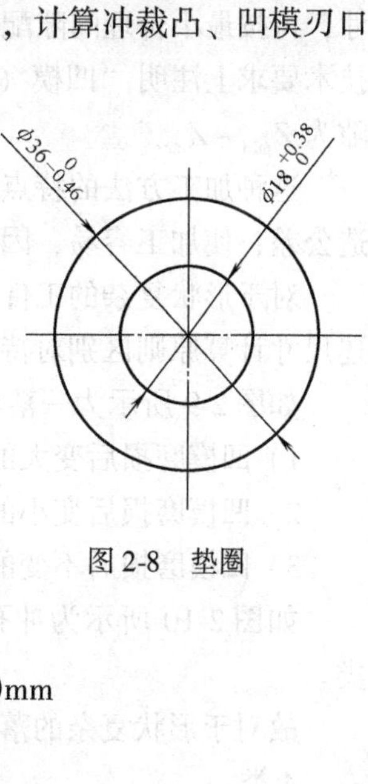

图 2-8　垫圈

$$\left|\delta_T\right| + \left|\delta_A\right| > Z_{max} - Z_{min}$$

所以不能满足 $\left|\delta_T\right| + \left|\delta_A\right| \leqslant Z_{max} - Z_{min}$，但相差不大，可调整如下

$$\delta_T = 0.4(Z_{max} - Z_{min}) = 0.4 \times 0.040\text{mm} = 0.016\text{mm}$$

$$\delta_A = 0.6(Z_{max} - Z_{min}) = 0.6 \times 0.040\text{mm} = 0.024\text{mm}$$

将已知和查表数据代入公式得

$$D_A = (36 - 0.5 \times 0.46)_{0}^{+0.024}\text{mm} = 35.77_{0}^{+0.024}\text{mm}$$

$$D_T = (35.77 - 0.10)_{-0.016}^{0}\text{mm} = 35.67_{-0.016}^{0}\text{mm}$$

（2）冲孔 $\phi 18_{0}^{+0.38}$

$$d_T = (d_{min} + x\Delta)_{-\delta_T}^{0}$$

$$d_A = (d_{min} + Z_{min})_{0}^{+\delta_A}$$

查表 2-4 和表 2-5 得

$$\delta_T = 0.020\text{mm};\ \delta_A = 0.020\text{mm};\ x = 0.5$$

校核间隙 $\left|\delta_T\right| + \left|\delta_A\right| = (0.020 + 0.020)\text{mm} = 0.040\text{mm} = Z_{max} - Z_{min}$

满足条件 $\left|\delta_T\right| + \left|\delta_A\right| \leqslant Z_{max} - Z_{min}$。

将已知和查表数据代入公式得

$$d_T = (18 + 0.5 \times 0.38)_{-0.020}^{0}\text{mm} = 18.19_{-0.020}^{0}\text{mm}$$

$$d_A = (18.19 + 0.100)_{0}^{+0.020}\text{mm} = 18.29_{0}^{+0.020}\text{mm}$$

2. 凸模与凹模配作法

单件生产或冲制薄料工件、形状复杂的工件，为了保证凸、凹模间一定的间隙，常采用凸模与凹模配合加工法。

配作法就是先按设计尺寸制出一个基准件（凸模或凹模），然后根据基准件的实际尺寸，再按最小合理间隙配作另一件。在另一非基准件上只标注公称尺寸，不注公差，同时在技术要求上注明“凹模（或凸模）刃口尺寸按凸模（或凹模）实际尺寸配作，保证双面间隙为 $Z_{min} \sim Z_{max}$”。

这种加工方法的特点是模具间隙由配制保证，工艺比较简单，而且还可放大基准件的制造公差，使加工容易，因而应用较广。

对于形状复杂的工件，模具磨损情况不会一致，所以必须对有关尺寸具体分析后，按前述尺寸计算原则区别对待。

如图 2-9 所示为一落料件，应以凹模为基准件，凹模尺寸磨损情况分为三类：

1）凹模磨损后变大的尺寸（图中 A 类）。

2）凹模磨损后变小的尺寸（图中 B 类）。

3）凹模磨损后不变的尺寸（图中 C 类）。

如图 2-10 所示为冲孔件，应以凸模为基准件，凸模尺寸磨损情况也分成 a、b、c 三类。

故对于形状复杂的落料件或冲孔件，其基准件的刃口尺寸均可按下面的公式计算

A 类： $$A_j = (A_{max} - x\Delta)_{0}^{+\delta}$$

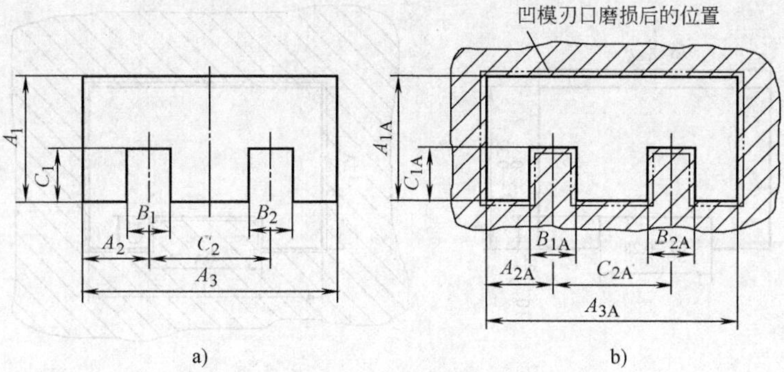

图 2-9 落料凹模刃口磨损后的变化情况

a）工件 b）凹模刃口轮廓

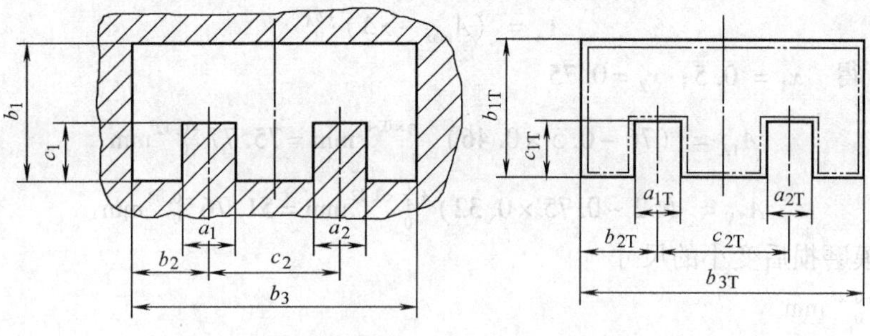

图 2-10 冲孔凸模刃口磨损后的变化情况

a）工件 b）冲孔凸模刃口轮廓

B 类： $B_j = (B_{min} + x\Delta)_{-\delta}^{\ 0}$

C 类： $C_j = (C_{min} + 0.5\Delta) \pm 0.5\delta$

式中 A_j、B_j、C_j——基准件尺寸；

A_{max}、B_{min}、C_{min}——相应的工件极限尺寸；

Δ——工件公差；

δ——基准件制造偏差，当刃口尺寸公差标注为 $+\delta$（或 $-\delta$）时，$\delta = \dfrac{\Delta}{4}$；当标注形式为 $\pm\delta$ 时，$\delta = \dfrac{\Delta}{8}$。

例 2-2 如图 2-11 a 所示落料件，材料为 Q235，料厚 2mm，试计算落料凸、凹模刃口尺寸。

解 考虑到工件形状较复杂，采用配作法加工凹、凸模。应先确定凹模刃口尺寸。凹模磨损后其尺寸变化有三种情况，如图 2-11 b 所示。

（1）凹模磨损后变大的尺寸

A_1、A_2 分别为 $76_{-0.46}^{\ 0}$mm、$52_{-0.32}^{\ 0}$mm。

刃口尺寸计算公式

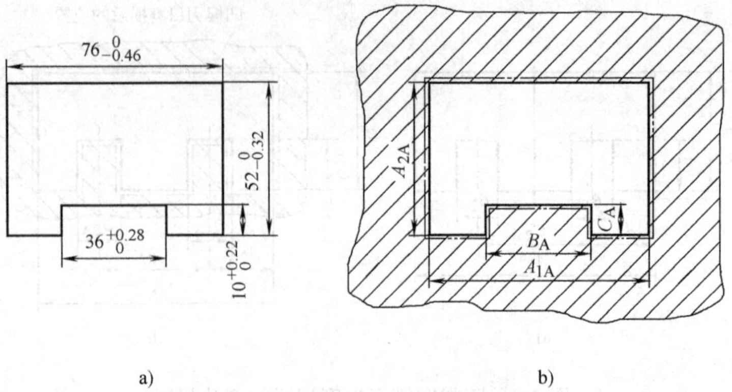

图 2-11　落料件与凹模刃口轮廓

$$A_A = (A_{max} - x\Delta)_{0}^{+\delta_A}$$

查表 2-5 得　$x_1 = 0.5$；$x_2 = 0.75$

$$A_{1A} = (76 - 0.5 \times 0.46)_{0}^{+\frac{1}{4}\times 0.46} \text{mm} = 75.77_{0}^{+0.12} \text{mm}$$

$$A_{2A} = (52 - 0.75 \times 0.32)_{0}^{+\frac{1}{4}\times 0.32} \text{mm} = 51.76_{0}^{+0.08} \text{mm}$$

（2）凹模磨损后变小的尺寸

B 为 $36_{0}^{+0.28}$mm

刃口尺寸计算公式

$$B_A = (B_{min} + x\Delta)_{-\delta_A}^{0}$$

查表 2-5 得　$x = 0.75$

$$B_A = (36 + 0.75 \times 0.28)_{-\frac{1}{4}\times 0.28}^{0} \text{mm} = 36.21_{-0.07}^{0} \text{mm}$$

（3）凹模磨损后不变的尺寸

C 为 $10_{0}^{+0.22}$mm

$$C_A = (C_{min} + 0.5\Delta) \pm 0.5\delta$$

$$= (10 + 0.5 \times 0.22) \text{mm} \pm 0.5 \times \frac{1}{4} \times 0.22 \text{mm} = (10.11 \pm 0.03) \text{mm}$$

查表 2-2 得　$Z_{min} = 0.246$mm；$Z_{max} = 0.360$mm

凸模刃口尺寸按凹模实际尺寸配制，保证双面间隙值（0.246 ~ 0.360）mm。

第五节　冲裁件的工艺性分析

冲裁件的工艺性，是指冲裁件对冲裁工艺的适应性。一般地讲，在满足工件使用要求的条件下，若能以最简单经济的方法将工件冲制出来，该件的冲压工艺性就好。冲压件的工艺性好，则加工时变形容易、成形稳定、材料消耗少、工序数目少，而且可采用标准模架、降低模具费用、提高模具寿命、使操作简便安全等。

冲裁件的工艺性主要表现为以下几个方面。

一、冲裁件的结构工艺性

1）冲裁件的形状应力求简单、规则，以利于材料的合理利用。

2）冲裁件的内、外形转角处应尽量避免尖角，应以圆角过渡，以便于模具加工，减少热处理开裂，减少冲裁时尖角处的崩刃和过快磨损。一般应有圆角半径 $R>(0.3\sim0.9)t$（t 为板料厚度）。

3）冲裁件上应尽量避免窄长的悬臂和凹槽，如图 2-12 所示。

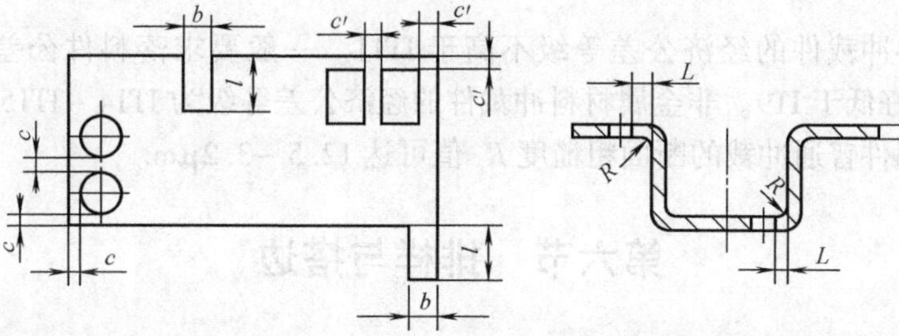

$b_{min}=1.5t$　　$c\geqslant(1\sim1.5)t$　　$L\geqslant R+0.5t$

$l=0.5b$　　$c'\geqslant(1.5\sim2)t$

图 2-12　冲裁件的结构工艺性

4）冲裁件上孔与孔、孔与工件边缘之间的距离，受模具强度和工件质量的限制，其值不能太小，许可值如图 2-12 所示。

5）在弯曲件或拉深件上冲孔时，空边与直壁之间应保持一定距离，以免冲孔时凸模受水平推力而折断，如图 2-12 所示。

6）为保证凸模强度，防止凸模折断或压弯，冲孔的尺寸不应太小，见表 2-6、表 2-7。

表 2-6　无导向凸模冲孔的最小尺寸

材料	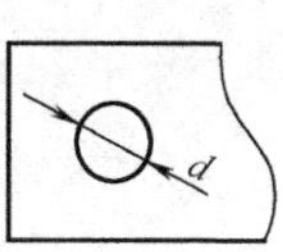	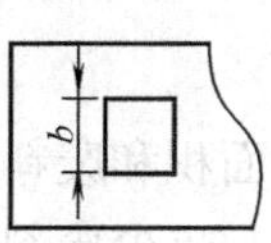	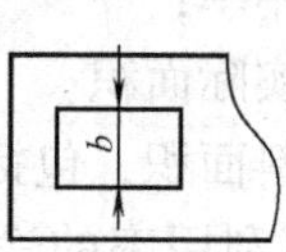	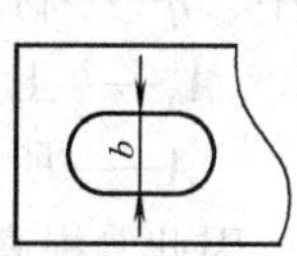
$\tau_b>700$MPa	$d\geqslant1.5t$	$b\geqslant1.35t$	$b\geqslant1.2t$	$b\geqslant1.1t$
钢 $\tau_b=400\sim700$ Pa	$d\geqslant1.3t$	$b\geqslant1.2t$	$b\geqslant1.0t$	$b\geqslant0.9t$
钢 $\tau_b=400$ MPa	$d\geqslant1.0t$	$b\geqslant0.9t$	$b\geqslant0.8t$	$b\geqslant0.7t$
黄铜、铜	$d\geqslant0.9t$	$b\geqslant0.8t$	$b\geqslant0.7t$	$b\geqslant0.6t$
铝、锌	$d\geqslant0.8t$	$b\geqslant0.7t$	$b\geqslant0.6t$	$b\geqslant0.5t$
纸胶板、布胶板	$d\geqslant0.7t$	$b\geqslant0.6t$	$b\geqslant0.5t$	$b\geqslant0.4t$
纸	$d\geqslant0.6t$	$b\geqslant0.5t$	$b\geqslant0.4t$	$b\geqslant0.3t$

表 2-7　有导向凸模冲孔的最小尺寸

材　料	圆　形（直径 d）	矩　形（孔宽 b）
硬钢	$0.5t$	$0.4t$
软钢及黄铜	$0.35t$	$0.3t$
铝、锌	$0.3t$	$0.28t$

注：t 为料厚。

二、冲裁件的精度和断面粗糙度

1）金属材料冲裁件的经济公差等级不高于 IT11。一般要求落料件公差等级最好低于 IT10，冲孔件最好低于 IT9。非金属材料冲裁件的经济公差等级为 IT14 ~ IT15。

2）一般金属件普通冲裁的断面粗糙度 R_a 值可达 12.5 ~ 3.2μm。

第六节　排样与搭边

一、排样

（一）排样的意义

在冲裁件成本中，材料费用一般占 60% 以上，因此材料的经济利用是一个重要问题。

冲裁件在条料、带料或板料上的布置方法称为排样。排样是否合理直接影响到材料的合理利用、冲裁质量、生产率、模具结构与寿命、生产操作方式与安全等。

排样的意义就在于保证用最低的材料消耗和最高的劳动生产率得到合格的工件。

衡量排样经济性的标准是材料利用率。材料利用率 η 是指工件的实际面积 A_0 与所用板料面积 A 的比值，即

$$\eta = \frac{A_0}{A} \times 100\%$$

式中　η——材料利用率；

A_0——工件的实际面积；

A——所用材料面积，包括工件面积和废料面积。

因此，提高材料利用率的途径是：减少废料面积。废料分为两类：如图 2-13 所示，一类是由工件的形状特点产生的废料，称为结构废料。一般不能改变，但可利用大尺寸的结构废料冲制小尺寸的工件。另一类是由工件之间和工件与条料侧边之间的废料，以及料头、料尾所产生的废料，称为工艺废料。

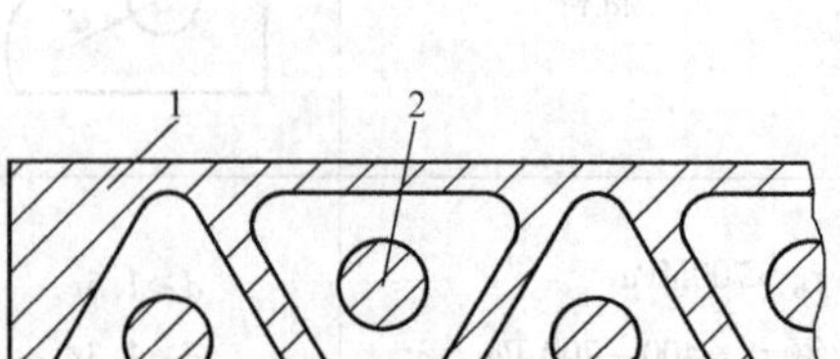

图 2-13　废料的分类

1—工艺废料　2—结构废料

要提高材料利用率，主要应从减少工艺废料着手，即设计合理的排样方案，选择合适的板料规格及合理的裁料法（减少料头、料尾和边

余料)，利用废料冲制小工件。在不影响设计要求的情况下，改善工件结构，提高材料利用率。

(二) 排样方法

按照材料的利用情况，排样方法可分为三种，如图 2-14 所示。

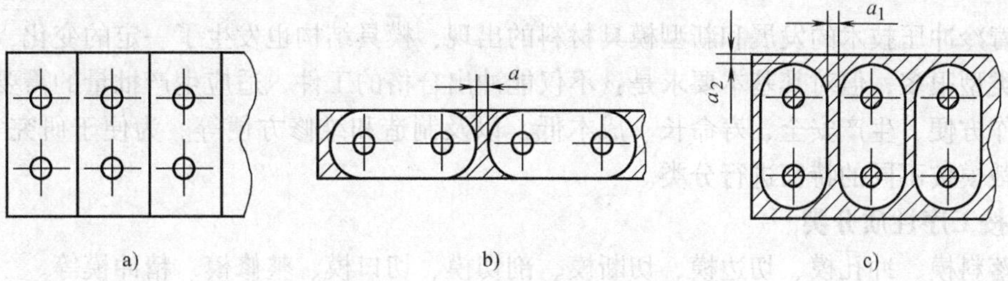

图 2-14 排样方法

a) 无废料排样 b) 少废料排样 c) 有废料排样

1. 有废料排样

沿工件全部外形冲裁，工件周边都留有搭边。工件尺寸完全有冲模来保证，因此精度高，模具寿命也长，但材料利用率低。

2. 少废料排样

沿工件部分外形切断或冲裁，只局部有搭边和余料。

3. 无废料排样

沿直线或曲线切断条料而获得工件，无任何搭边。

采用少、无废料排样，对节省材料具有重要意义，且有利于一次冲裁多个工件，提高生产率。同时，因其冲切周边减少，又可简化模具结构和降低冲裁力。但采用少、无废料排样也存在一些缺点，由于条料本身的公差以及条料导向与定位所产生的误差，使工件的质量和精度较低。另外，由于采用单边剪切，也影响断面质量及模具寿命。

二、搭边

排样时工件之间以及工件与条料侧边之间留下的工艺废料叫搭边。如图 2-13 所示的工艺废料，搭边虽然是废料，但在冲裁工艺中却有很大的作用。它的作用是：补偿定位误差和剪板误差，保证冲出合格的工件；使条料有一定的刚度，便于送进，提高劳动生产率；避免冲裁时条料边缘的毛刺被拉入模具间隙，从而提高模具寿命。如图 2-14b、c 所示的排样均有搭边。

搭边值要合理确定。从节省材料出发，搭边值越小越好，但搭边值过小，搭边的强度和刚度不够，在冲裁中将被拉断，有时还会被拉入模具间隙，使冲裁件产生毛刺，甚至损坏模具刃口。

搭边值的大小与材料性能、工件的形状及尺寸、材料厚度、送料及挡料方式、卸料方式有关。硬材料的搭边值可小一些，软、脆材料的搭边值应大一些；厚材料的搭边值应大一些；用手工送料、有侧压装置的搭边值可小一些；弹性卸料比刚性卸料的搭边值小一些；冲裁件尺寸大或是有尖突的复杂形状时，搭边值应大一些；一般也可取 (2 ~ 3) t。

第七节 冲裁模的典型结构

一、冲裁模的分类

随着冷冲压技术的发展和新型模具材料的出现，模具结构也发生了一定的变化，虽然模具结构类型很多，但对其基本要求是：不仅能冲出合格的工件，适应生产批量的需要，而且要求操作方便、生产安全、寿命长、成本低，以及制造和维修方便等。为便于研究与应用，可将冲裁模按不同的特征进行分类。

1. 按工序性质分类

有落料模、冲孔模、切边模、切断模、剖切模、切口模、整修模、精冲模等。

2. 按工序的组合程序分类

有单工序模、复合模和级进模。单工序模又称为简单模，而复合模和级进模又称为复杂模。

1）单工序模（简单模）：即在一幅模具中只完成一种工序，如落料、冲孔、切边等。

2）级进模（连续模）：即在压力机一次行程中，在模具的不同位置上同时完成数道冲压工序。

3）复合模：即在压力机的一次行程中，在一幅模具的同一位置上完成数道冲压工序。

3. 按模具导向方式分类

无导向模和有导向的导板模、导柱模、导筒模等。

4. 按卸料与出件方式分类

有固定卸料式与弹压卸料式模具；按出件方式可分为顺出件式与逆出件式模具。固定卸料式模具又称为封闭式模具，弹压卸料式模具又称为敞开式模具，封闭式模具比较安全。

5. 按挡料或定距方式分类

有固定档料式、活动挡料式和侧刃定距式冲模。

6. 按凸、凹模所用材料不同分类

可分为普通金属模、硬质合金模、橡胶块冲模、聚氨酯冲模、低熔点合金及锌基合金模等。

7. 按自动化程度分类

有手工操作模、半自动模和自动模。

二、冲模的组成及功能

如图 2-18 所示为一副组成比较齐全的落料模，可以从使用与完成冲裁加工的需要方面来介绍其组成。

1. 上模与下模

一副模具可分为上模与下模两大部分。工作时，上模与压力机滑块连在一起，并随压力机滑块上下往复运动。中小型模具用模柄与压力机滑块连接，下模则用压板固定在压力机的台面上，工作中不能移动位置。

2. 导向装置

如图2-18所示的模具，在上模座8上装有导套2，在下模座18上装有导柱1，它们共同组成模架，导柱与导套之间采取小间隙配合，使冲裁间隙在冲裁过程中保持均匀和稳定。

3. 定位装置

如图2-18所示的模具，导料销14和挡料销19组成定位装置，用以保证条料在每次冲裁时处于正确位置。

4. 压料与卸料装置

如图2-18所示的模具，卸料螺钉3、弹压卸料板13和卸料橡胶块11组成压料与卸料装置，它们在冲裁时起压料作用，回程时将箍在凸模12上的条料卸下。

应当指出，对于具体的模具，上述组成并不是必需的，可根据需要设计模具组成。

三、典型冲裁模结构分析

分析一副模具的特点，可结合工件的形状特点、尺寸精度要求、材料种类与板料厚度，从如下几方面进行：模具采用何种导向方式；条料如何定位与定距；如何卸料与出件；凸模与凹模的结构形式及固定方法；采用了何种模柄以及为使用安全、调整方便、维修便利等所采取的措施。下面介绍的冲模类型仅说明其主要特点。

（一）单工序冲裁模具

如图2-15所示是刚性卸料落料模，图a为其主、俯视图，图b为其立体轴侧图。

其上模零件组成有：模柄1、上模座2 、垫板3、凸模固定板4、凸模5、止转销8、紧固内六角螺钉9、导套10。下模零件组成有：刚性卸料板6、凹模7、挡料销11、导柱12、圆柱销13、下模座14。

该模具的冲裁过程如下：条料沿固定卸料板6的凹槽一侧，送至固定挡料销11定位，上模部分随压力机滑块向下运动，凸模冲入凹模内，分离后的冲件靠凸模5直接从凹模7刃口依次推出。随后凸模返程，箍在凸模上的条料由固定卸料板6阻挡下来。然后条料再一次送进，准备下一次冲裁。

如图2-16所示为导板式侧面冲孔模。模具的最大特征是凹模6嵌在悬壁式的凹模体7上，凸模5靠导板导向，以保证与凹模的正确配合。悬臂固定在支架8上，并以销钉固定，以防止转动。支架与底座9以H7/h6配合，并以螺钉紧固。凸模与上模座3用螺钉4紧固，更换较方便。

工序件的定位方法是：径向和轴向以悬壁凹模体和支架定位；圆周方向以孔距定位，定位由定位销2、摇臂1和压缩弹簧组成的定位器来完成，保证冲出的六个孔沿圆周均匀分布。

冲压开始前，拨开定位器摇臂，将工序件套在凹模体上，然后放开摇臂，凸模下冲，即冲出第一个孔。随后转动工序件，使定位销落入已冲好的第一个孔内，接着冲第二个孔，用同样的方法冲出其他孔。

如图2-17所示为斜楔驱动滑块的水平冲孔模。该模具的最大特征是依靠斜楔1把压力机滑块的垂直运动变为滑块4的水平运动，从而带动凸模5在水平方向上进行冲孔。凸模与凹模6的间隙，依靠滑块在导滑槽内滑动来保证。斜楔的工作角度α以40°~50°为宜，一般取45°，需要较大冲裁力时，α角也可以用30°，以增大水平推力。如果为了获得较大的工作行程，α角可加大到60°。为了排除冲孔废料，应该注意开设漏料孔并与下模座漏料孔相通。

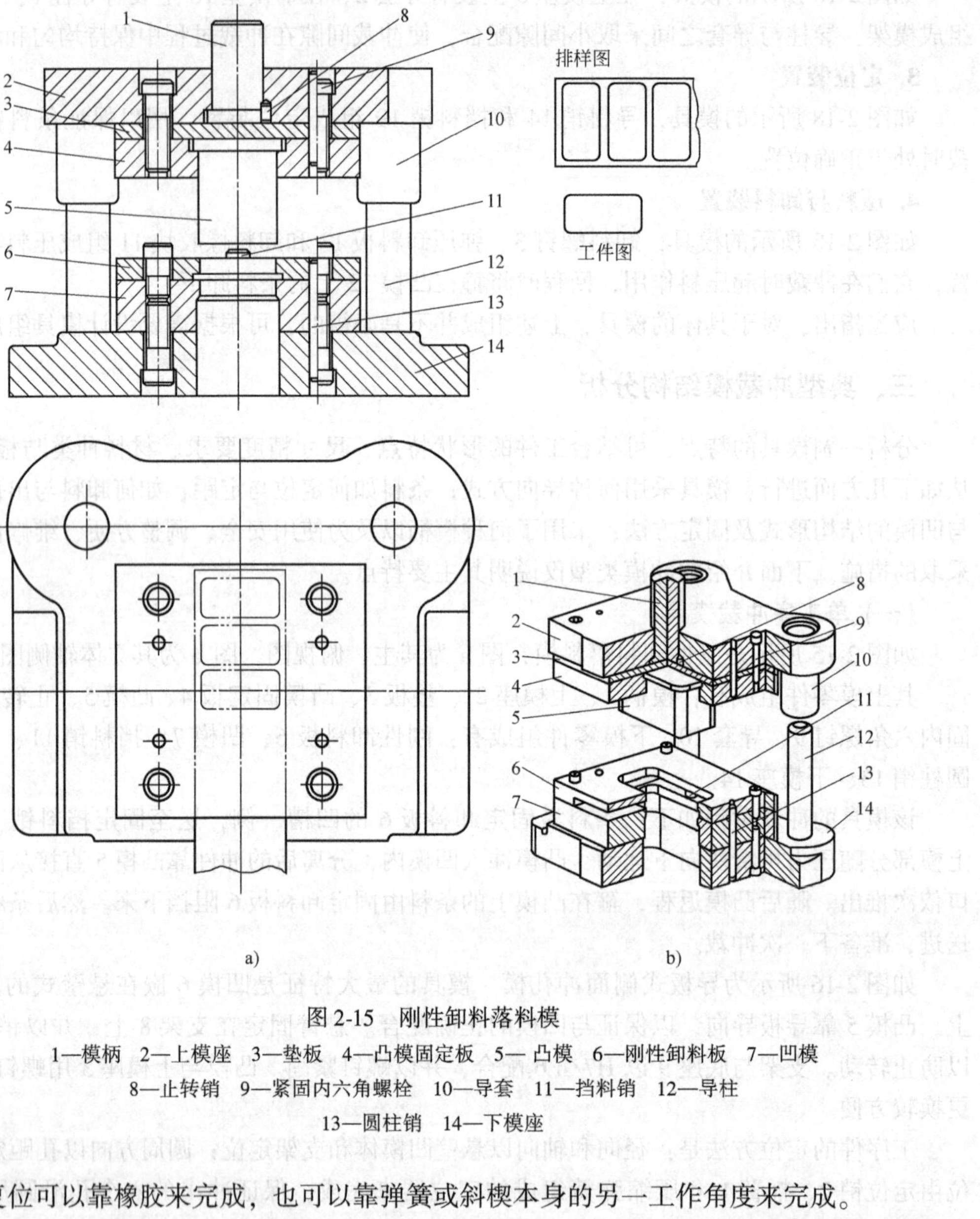

图 2-15 刚性卸料落料模

1—模柄 2—上模座 3—垫板 4—凸模固定板 5— 凸模 6—刚性卸料板 7—凹模 8—止转销 9—紧固内六角螺栓 10—导套 11—挡料销 12—导柱 13—圆柱销 14—下模座

滑块的复位可以靠橡胶来完成，也可以靠弹簧或斜楔本身的另一工作角度来完成。

工序件以内形定位，为了保证冲孔位置的准确，弹压板 3 在冲孔之前就把工序件压紧。

该模具可以在压力机一次行程中冲一个孔。类似这种模具，如果安装多个斜楔滑块机构，可以同时冲多个孔，孔的相对位置由模具精度来保证，生产率高，但模具结构较复杂，轮廓尺寸较大。这种冲模主要用于冲空心件或弯曲件等成形工件的侧孔、侧槽、侧切口等。

如图 2-18 所示为导柱导向弹压卸料逆出件式落料模。该模具用于冲裁非金属材料，冲裁间隙较小，故采用导向精度较高的一级精度模架，并采用垂直度较好的压入式模柄。由两个导料销 14 和两个挡料销 19 进行导料与定距。弹压卸料装置由弹压卸料板 13、卸料橡胶块 11 和卸料螺钉 3 组成。逆出件由反顶板 16 来完成，其反顶压力由安装在下模座中心处的橡胶块或碟簧通用弹顶器通过顶杆 17 提供。这样，可保证层压板始终在压紧状态下进行冲裁，

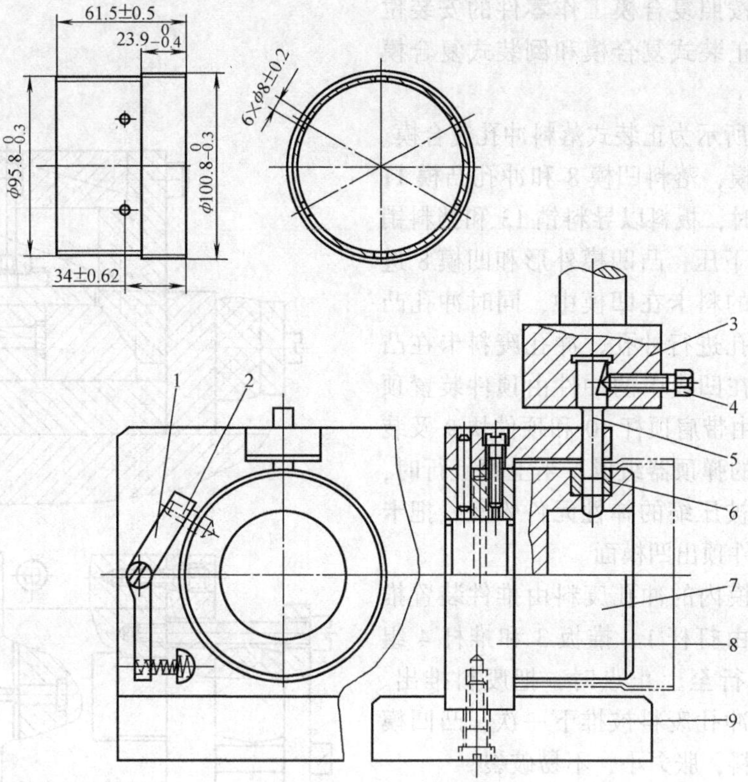

图 2-16 导板式侧面冲孔模

1—摇臂 2—定位销 3—上模座 4—螺钉 5—凸模 6—凹模 7—凹模体 8—支架 9—底座

有助于抑制其起层。这种模具对于要求平整的金属薄板件也适用。

（二）级进模（连续模）

级进模是一种工位多、效率高的冲模。在一副级进模中，根据冲压件的实际需要，按一定顺序安排了多个冲压工序（在级进模上称为工位）进行连续冲压。它不但可以完成冲裁工序，还可以完成成形工序，甚至装配工序，许多需要多工序冲压的复杂冲压件可以在一副模具上完全成形，为高速自动冲压提供了有利条件。

如图 2-19 所示是固定挡料销和导正销定位的级进模。冲模的工作零件包括冲孔凸模 3、落料凸模 4、凹模 7，定位零件包括导料板 5（与导板为一整体）、始用挡料销 10、固定挡料销 8、导正销 6。工作时，以始用挡料销限定条料的初始位置，落料时以装在落料凸模端面上的导正销进行精定位，保证零件上的孔与外圆的相对位置精度，在落料的同时，在冲孔工位上又冲出孔，这样连续进行冲裁，直至条料或带料冲完为止。采用这种级进模，当冲压件的形状不适合用导正销定位时（如直径太小或孔距太小等），可在条料上的废料部分冲出工艺孔，再用装在凸模固定板上的导正销进行导正。级进模一般都有导向装置，该模具是以导板 5 与凸模间隙配合导向，并以导板进行卸料。

（三）复合模

复合模是一种多工序的冲模，它在结构上的主要特征是有一个既是落料凸模又是冲孔凹模的凸凹模。按照复合模工作零件的安装位置不同，分为正装式复合模和倒装式复合模两种。

如图 2-20 所示为正装式落料冲孔复合模。凸凹模 6 在上模，落料凹模 8 和冲孔凸模 11 在下模。工作时，板料以导料销 13 和挡料销 12 定位。上模下压，凸凹模外形和凹模 8 进行落料，落下的料卡在凹模中，同时冲孔凸模与凸凹模内孔进行冲孔，冲孔废料卡在凸凹模孔内，卡在凹模中的冲件由顶件装置顶出。顶件装置由带肩顶杆 10 和顶件块 9 及装在下模座底下的弹顶器组成，当上模上行时，原来在冲裁时被压缩的弹性元件恢复，把卡在凹模中的冲件顶出凹模面。

卡在凸凹模内的冲孔废料由推件装置推出。推件装置由打杆 1、推板 3 和推杆 4 组成。当上模上行至上止点时，把废料推出。每冲裁一次，冲孔废料被推下一次，凸凹模孔内不积存废料，胀力小，不易破裂。

从上述工作过程可以看出，正装式复合模工作时，板料是在压紧的状态下分离，冲出的冲件平直度较高。但由于弹顶器和弹压卸料装置的作用，分离后的冲件容易被嵌入边料中影响操作，从而影响了生产率。

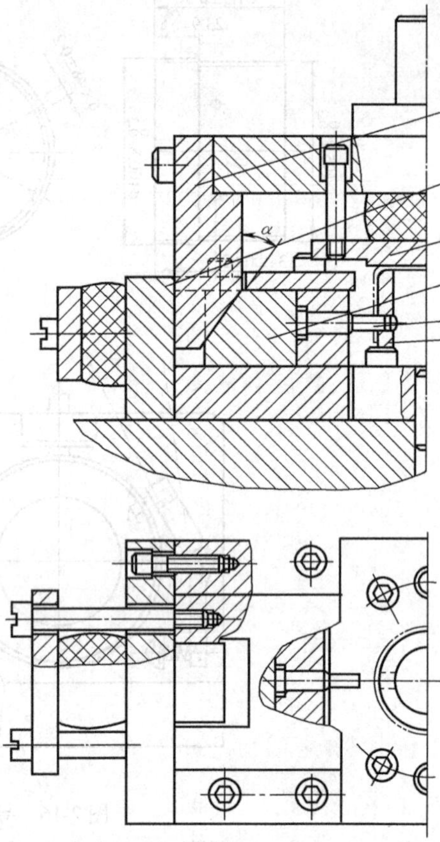

图 2-17　斜楔式侧面冲孔模

1—斜楔　2—座板　3—弹压板

4—滑块　5—凸模　6—凹模

如图 2-21 所示为倒装式落料冲孔复合模。凸凹模 19 装在下模，落料凹模 14 和冲孔凸模 15 装在上模。倒装式复合模通常采用刚性推件装置把卡在凹模中的冲件推下，刚性推件装置由推件块 13、推杆 8、推板 7 和打杆 5 组成。冲孔废料直接从凸凹模内孔推下，无顶件装置，结构简单，操作方便；但凸凹模内有积存废料，胀力较大，当凸凹模壁厚较小时，可能导致凸凹模破裂。

采用刚性推件的倒装式复合模，板料不是处在被压紧的状态下冲裁，因而平直度不高，这种结构适用于冲裁较硬的或厚度大于 0.3mm 的板料。如果在上模内设置弹性元件，即采用弹性推件装置，这就可以用于冲制材质较软的或板料厚度小于 0.3mm，且平直度要求较高的冲裁件。

从正装式和倒装式复合模结构分析中可以看出，两者各有优缺点。正装式较适用于冲制材质较软的或板料较薄的平直度要求较高的冲裁件，还可以冲制孔边距离较小的冲裁件。而倒装式不宜冲制孔边距离较小的冲裁件，但倒装式复合模结构简单，又可以直接利用压力机的打杆装置进行推件，卸件可靠，冲孔废料由冲孔凸模推出，便于操作，故应用十分广泛。

倒装复合模在结构上比顺装的简单，少一套排除冲孔废料的打料装置。因此应优先选用倒装复合模。如图 2-22 所示冲裁件较适用于倒装式复合模。

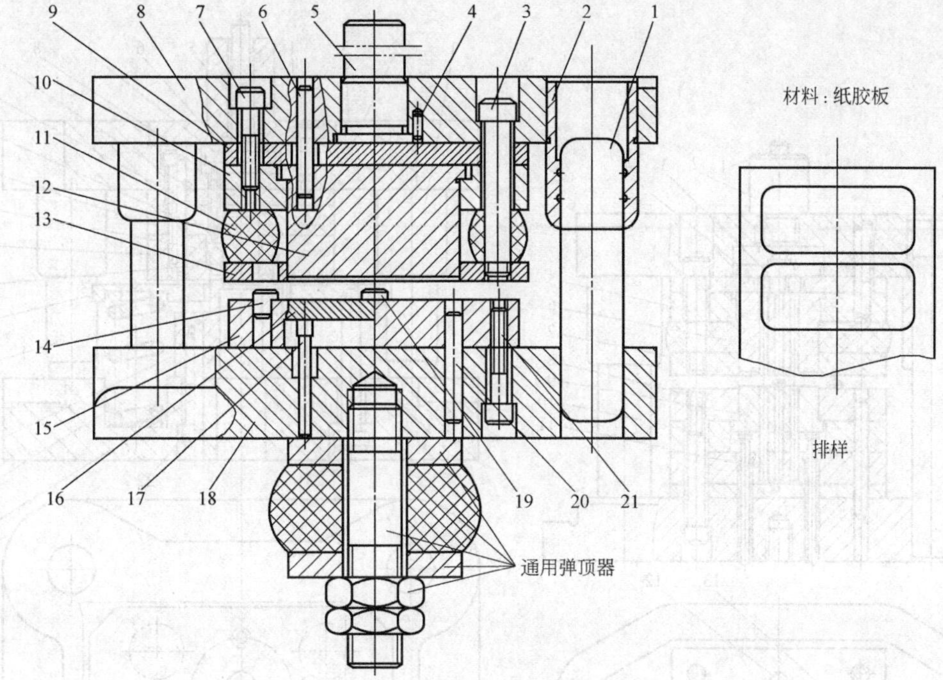

图 2-18　导柱导向式落料模

1—导柱　2—导套　3—卸料螺钉　4—止转销　5—模柄　6、20—定位销　7、21—紧固螺钉　8—上模座　9—垫板　10—凸模固定板　11—卸料橡胶块　12—落料凸模　13—弹压卸料板　14—导料销　15—落料凹模　16—反顶板　17—顶杆　18—下模座　19—挡料销

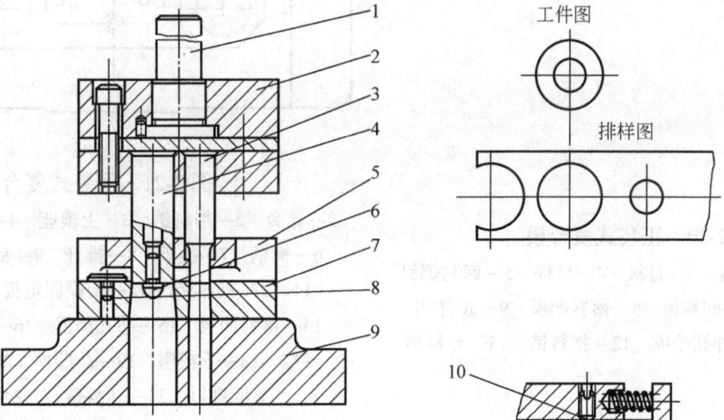

图 2-19　固定挡料销和导正销定位的级进模

1—模柄　2—上模座　3—冲孔凸模　4—落料凸模　5—导料板　6—导正销　7—凹模　8—固定挡料销　9—下模座　10—始用挡料销

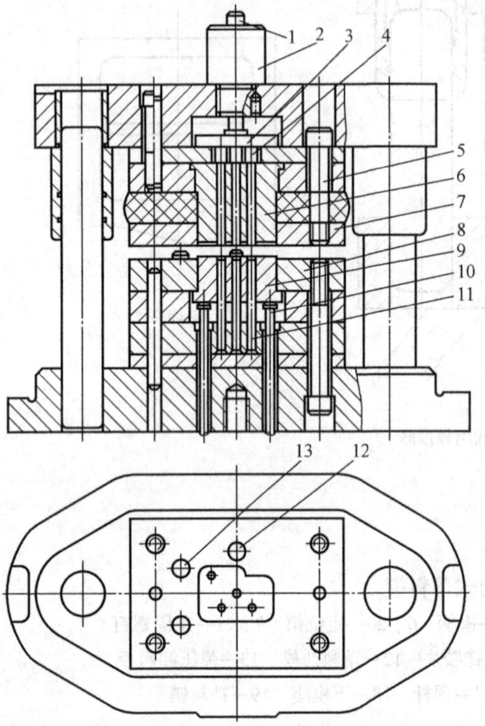

图 2-20 正装式复合模

1—打杆 2—模柄 3—打板 4—推杆 5—卸料螺钉 6—凸凹模 7—卸料板 8—落料凹模 9—顶件块 10—顶杆 11—冲孔凸模 12—挡料销 13—导料销

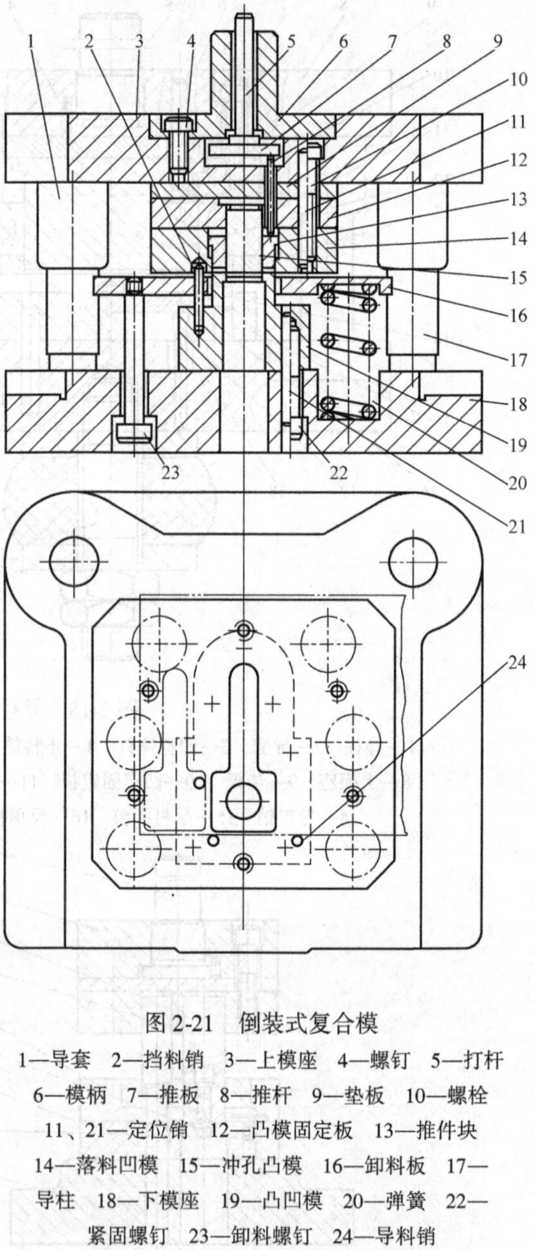

图 2-21 倒装式复合模

1—导套 2—挡料销 3—上模座 4—螺钉 5—打杆 6—模柄 7—推板 8—推杆 9—垫板 10—螺栓 11、21—定位销 12—凸模固定板 13—推件块 14—落料凹模 15—冲孔凸模 16—卸料板 17—导柱 18—下模座 19—凸凹模 20—弹簧 22—紧固螺钉 23—卸料螺钉 24—导料销

倒装复合模的凸凹模型孔内积存冲孔废料，对孔壁形成较大的胀力。因此倒装复合模的凸凹模最小壁厚 b 值不能太小，其值与板料厚度 t 有关，对于常见的金属材料由表 2-8 确定。

表 2-8 凸凹模最小壁厚 b （单位：mm）

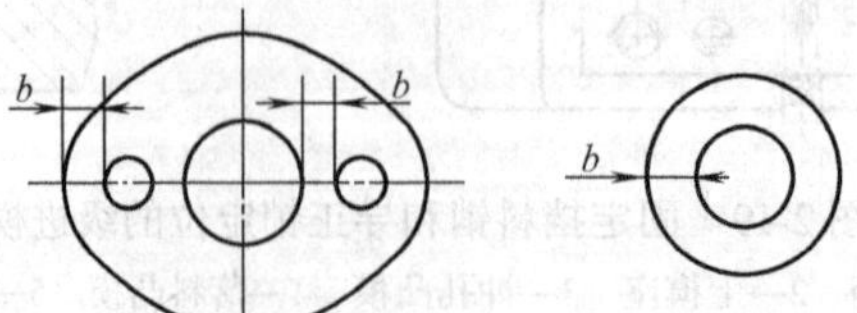

（续）

t	0.2	0.4	0.6	0.8	1.0	1.2	2	3	5
b	1.2	1.4	1.8	2.3	2.7	3.2	4.9	6.7	10

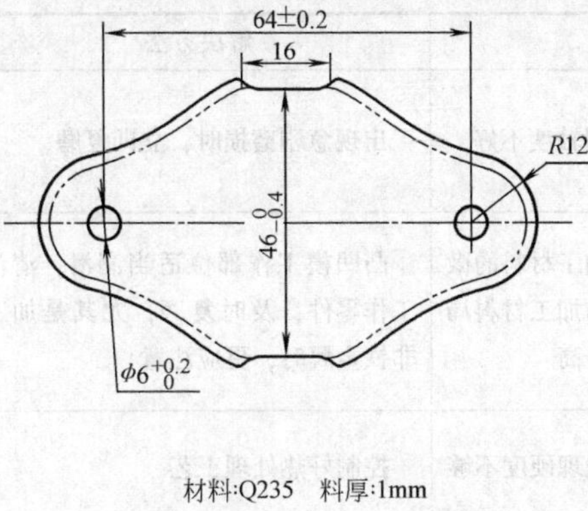

图 2-22 适用于倒装式复合模的冲裁件

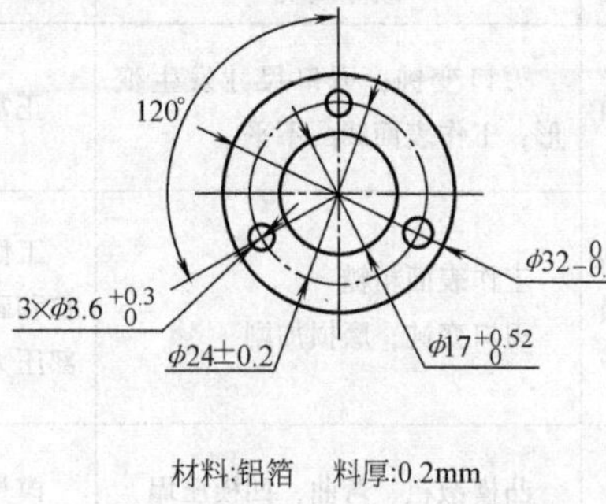

图 2-23 适用于正装式复合模的冲裁件

顺装复合模的凸凹模型孔内不积存冲孔废料，每次冲孔废料均由打料装置打出。因此顺装复合模的凸凹模壁厚允许比倒装复合模的小些，一般为：对铁钢材料等硬材料，允许 $b=(1.2\sim1.5)t$，但 $b\geqslant0.7$mm；对非铁金属等软材料，允许 $b=t$，但 $b\geqslant0.5$mm。因此当凸凹模最小壁厚小于表 2-8 所列数据时，不应选用倒装复合模，而应选用正装复合模。如图 2-23 所示冲裁件较适用于正装式复合模。

四、冲裁模的磨损与寿命

（一）模具零件的失效分析

冲裁模具主要用于各种板料的冲切成形，其刃口在工作过程中，受到强烈的摩擦和冲击，会受到不同程度的局部破损或整体破损，如图 2-24、图 2-25 所示。有时一副模具可能同时出现几种不同形式的损伤。一般情况下，模具出现损伤后不会立即失效，只有当某种操作形式发展到使模具生产的产品成为废品时，模具才宣告失效，常见失效形式见表 2-9。

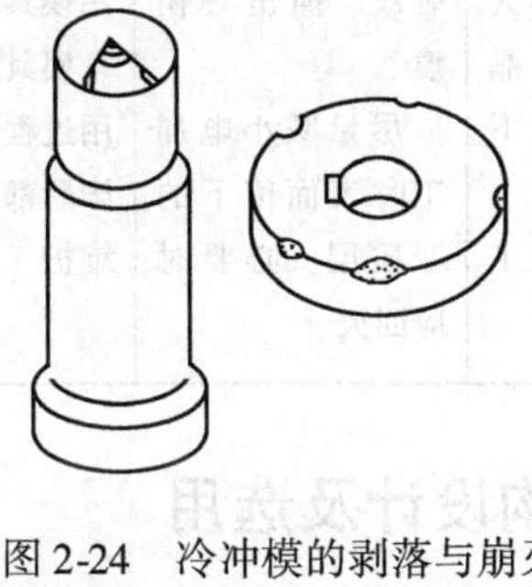

图 2-24 冷冲模的剥落与崩刃

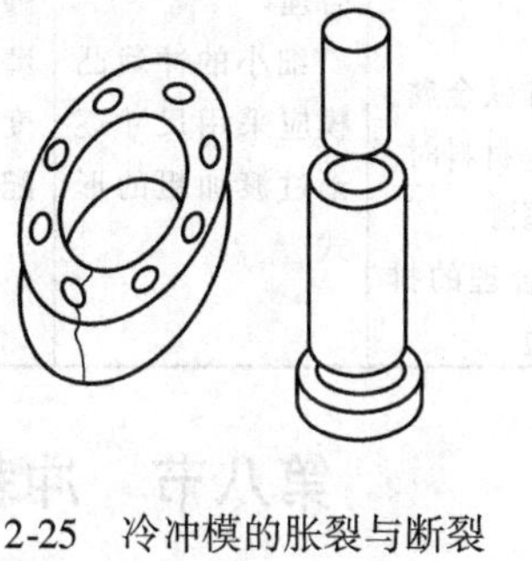

图 2-25 冷冲模的胀裂与断裂

（二）冲裁模具寿命

冲裁模具寿命有两种含义：两次复磨间的最大冲压件数称为模具的复磨寿命；一副模具

从开始使用到不能修复所冲工件的总数量称为模具的总寿命。为提高模具的使用寿命，应弄清造成冲裁模具失效的真正原因及各种影响因素，采取相应的有效措施。具体方法可参考表2-10。

表 2-9　模具零件的失效分析

失效形式	故障表现	产生原因	解决方法
摩擦磨损	刃口变钝；刃口尺寸发生变形；工作表面凹凸不平	正常磨损；上下模同轴度不好	出现急剧磨损时，立即复磨
粘合磨损	工作表面粗糙 刃口变钝，磨损加剧	工作零件粘合上了加工材料的微粒和碎屑，加剧刃口与加工材料局部压力的增大和温度升高	凸凹模工作部位适当润滑，清洁工作零件，及时复磨，尤其是加工非铁金属时，更应注意
变形	凸模镦粗、弯曲，凹模压塌	模具材料不好；热处理硬度不够	控制好热处理工艺
断裂	刃口出现裂纹，剥落或崩刃甚至凸模折断	凹模壁厚薄；磨削加工时工艺不当产生烧伤；凸模刃口部分过细凸模进入凹模深度太深	磨削加工时进给量要小，充分冷却，及时修磨砂轮 凸模刃口部位加护套 严格控制凸模进入凹模深度
啃伤	刃口崩裂 刃口啃伤	模具装配质量差 压力机导向精度低；送料误差 模具安装调整不当	提高模具装配质量；换有导向装置模具 提高导料装置精度；正确安装模具

表 2-10　提高模具寿命的方法

冲裁工艺设计	冲裁模具设计	模具材料	模具的热处理	模具加工工艺	模具的安装
冲裁用材料应选用工艺性好的材料 保证材料表面干净，清除表面氧化物 冲裁非铁金属、不锈钢等材料时，应适当润滑 采用合理的排样与搭边	采用必要的、可靠的导向结构 刃口尺寸设计合理 细小的冲裁凸模应采用尺寸逐渐过渡加粗的形式	工作零件硬度要合理，使硬度、强度、韧性、耐磨性、耐疲劳强度等均达到最佳配合	控制模具表面含碳量，碳会降低硬度，增碳会降低韧性 控制模具淬火温度，过高，晶粒粗大，韧性下降 控制好回火工艺	避免磨削时烧伤零件表面；零件经过冷加工时应避免刀痕夹层、裂纹、撞击等伤痕 尽量减小电加工时表面留下的变质层，必要时应回火	使用精度高、刚性好的压力机 正确地安装、使用模具 模具使用前、使用过程中及使用完毕后都应注意检查维护

第八节　冲裁模具各部件的结构设计及选用

一、凸模结构设计

（一）凸模结构设计的原则

为了保证凸模能够正常工作，设计任何结构形式的凸模都必须满足如下三个原则：

1. 精确定位

凸模安装到固定板上以后，在工作过程中其轴线或母线不允许发生任何方向的移位，否则将造成冲裁间隙不均匀，降低模具寿命，严重时可造成啃模。

2. 防止拔出

回程时，卸料力对凸模产生拉拔作用，凸模的结构应能防止凸模从固定板中拔出来。

3. 防止转动

对于工作段截面为非圆形的凸模，例如长圆形、半圆形、矩形等，为了使凸模固定板上安装凸模的型孔加工容易，常常将凸模固定段简化为圆形。这时就必须保证凸模在工作过程中不发生转动，否则将啃模。

（二）凸模结构类型

1. 标准圆凸模

国家模具标准有三种圆形凸模：A 型和 B 型圆凸模及快换圆凸模。其中，A 型圆凸模结构形式如图 2-26 a 所示，直径尺寸范围 $d=1.1\sim30.2$mm。

B 型圆凸模结构形式与 A 型稍有不同，没有中间过渡段，直径尺寸范围 $d=3.0\sim30.2$mm。

快换圆凸模结构形式如图 2-26 b 所示，它与 A 型和 B 型圆凸模相比较有两点不同：一是没有头部；二是固定段按 h6 制造，为小间隙配合，便于更换。依靠在缺口处的螺钉防止拔出。而 A 型和 B 型圆凸模的固定段均按 m6 制造，与固定板孔过渡配合。

这三种标准圆形凸模的装配形式如图 2-27 所示。

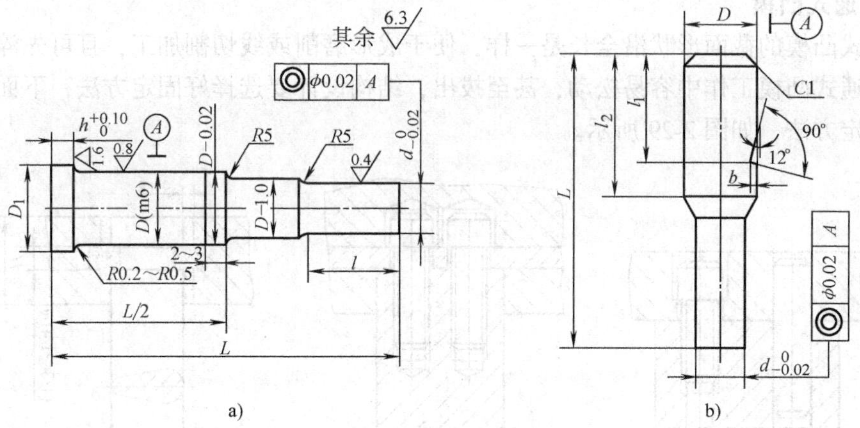

图 2-26　标准圆凸模的结构形式

2. 凸缘式凸模

如图 2-28 所示，凸缘式凸模的工作段截面一般是非圆形的，而固定段截面则取圆形、方形、矩形等简单形状，其目的是为了便于加工固定板的型孔。但当固定段取圆形时，必须采取措施防止凸模工作时发生转动，一般是在凸缘边缘处加止转螺钉或销钉。凸缘式凸模工作段的工艺性不好，因此刃口形状复杂时不宜采用。

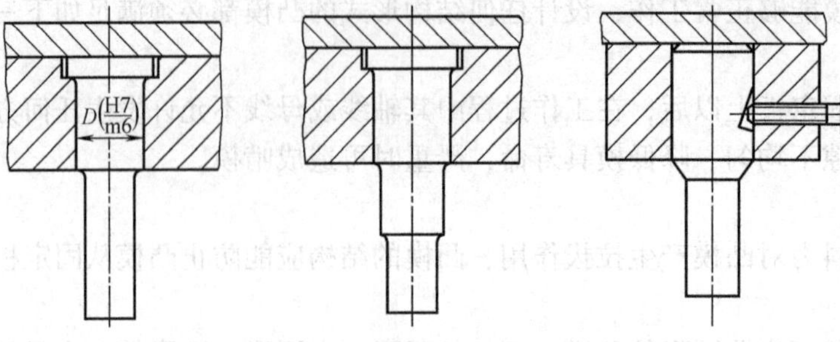

图 2-27　标准圆形凸模的装配形式

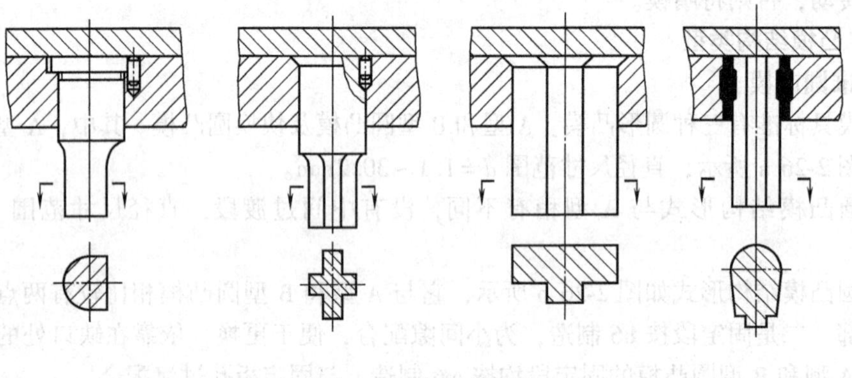

图 2-28　凸缘式凸模

3. 直通式凸模

直通式凸模的截面形状沿全长是一样，便于成形磨削或线切割加工，且可先淬火，后精加工，直通式凸模工作中容易松动，甚至拔出，结构设计要选择好固定方法，下面介绍几种常用的固定方法，如图 2-29 所示。

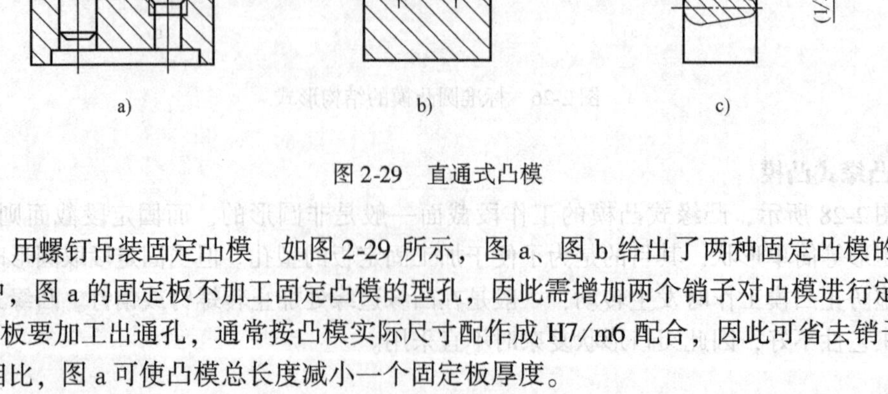

图 2-29　直通式凸模

（1）用螺钉吊装固定凸模　如图 2-29 所示，图 a、图 b 给出了两种固定凸模的结构形式，其中，图 a 的固定板不加工固定凸模的型孔，因此需增加两个销子对凸模进行定位。图 b 的固定板要加工出通孔，通常按凸模实际尺寸配作成 H7/m6 配合，因此可省去销子。图 a 与图 b 相比，图 a 可使凸模总长度减小一个固定板厚度。

吊装螺钉的数量可根据凸模截面轮廓的大小，在满足螺孔与销孔之间、螺孔与螺孔之间及孔到凸模边缘距离要求的条件下来确定，最少可仅为一个。在卸料力较大时，应核算螺钉的强度，可按标准螺钉许用拉力进行核算。

（2）用低熔点合金或环氧树脂浇注固定凸模　如图 2-29 c 所示，是用低熔点合金固定凸模。用低熔点合金等粘结剂固定凸模方法的优点在于，当非圆形多凸模冲裁时（如电动机定、转子冲槽孔），可以简化凸模固定板加工工艺，便于在装配时保证凸模与凹模的正确配合。此时，凸模固定板上安装凸模的孔尺寸较凸模大，留有一定的间隙，以便充填粘结剂。为了粘接得牢靠，在凸模的固定端或固定板相应的孔上，应开设一定的槽形。常用的粘结剂有低熔点合金、环氧树脂、无机粘结剂等，各种粘结剂均有一定的配方，也可以直接买到。

用粘结剂浇注法的固定方法，也可用于凹模、导柱、导套的固定。

（三）凸模长度的确定

设计标准模具时，当选定了典型组合以后，凸模的长度就确定了。设计非标准模具时，凸模的长度一般应根据结构上的需要，并考虑磨损量和安全因素来确定。

1. 固定卸料方式的凸模长度确定

如图 2-30 a 所示的凸模结构，其长度按下式计算

$$L = h_1 + h_2 + h_3 + h$$

式中　h_1——凸模固定板厚度；

h_2——固定卸料板厚度；

h_3——导料板厚度；

h——附加长度，它包括凸模的修磨量，凸模进入凹模的深度，凸模固定板与卸料板的安全距离等。一般取 $h \geqslant 20\text{mm}$。

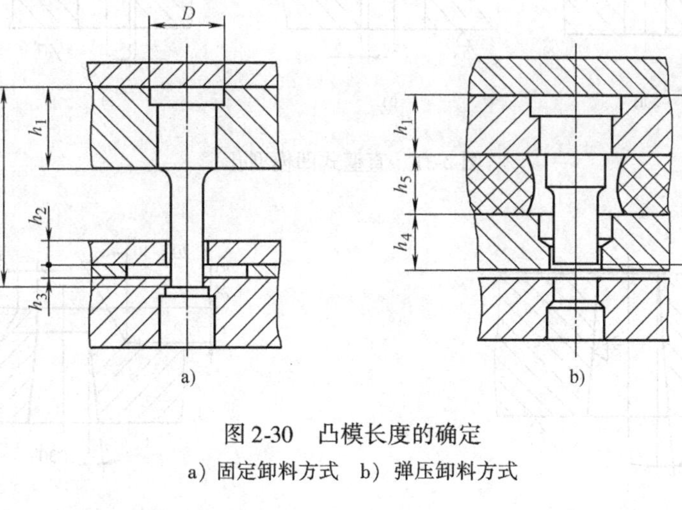

图 2-30　凸模长度的确定

a）固定卸料方式　b）弹压卸料方式

2. 弹压卸料方式的凸模长度确定

如图 2-30 b 所示的结构，其凸模长度按下式计算

$$L = h_1 + h_4 + h_5 - 0.2\text{mm}$$

式中　h_1——凸模固定板厚度；

h_4——弹压卸料板厚度；

h_5——预压状态下卸料橡皮的厚度，$h_5=(0.85\sim0.9)H$，H 为自由状态下橡胶的厚度，公式中的 0.2mm 是凸模端面缩进卸料板的距离。

二、凹模结构设计

凹模类型很多，其外形有圆形和板形，结构有整体式和镶拼式，刃口也有平刃和斜刃，但设计时其共性的注意事项有：

(一) 凹模型孔结构形式

(1) 直壁型孔　如图 2-31 所示，图 a 为全直壁型孔，只适用于逆出件式模具，如凹模型孔内带反顶板的落料模与复合模。图 b 与图 c 为阶梯形直壁型孔，适用于顺出件式模具。图 b 只适用于圆型孔，型孔以下扩大的漏料孔是钻孔得到的。而图 c 用于所有非圆型孔，漏料孔是铣削制成的。

阶梯形直壁型孔的设计参数，一是直刃口有效高度 h；二是漏料孔比型孔单边扩大值 b。刃口高度按强度考虑应随冲裁的板料厚度增大而增大，并考虑刃磨量的需要，一般当板料厚度 $t\leq1$mm 时，取 $h=4\sim5$mm；当 $t>1$mm 时，取 $h=6\sim8$mm。

漏料孔比型孔单边扩大值 b，按凹模强度考虑应取小些，为了保证落料件或冲孔废料顺利漏下又应取大些。一般取 $b=0.5\sim1$mm。工件形状复杂时可取大些。冲厚料时，图 b 所示的型孔，在转角处应要求有 $R0.3\sim R0.5$ 的圆角。

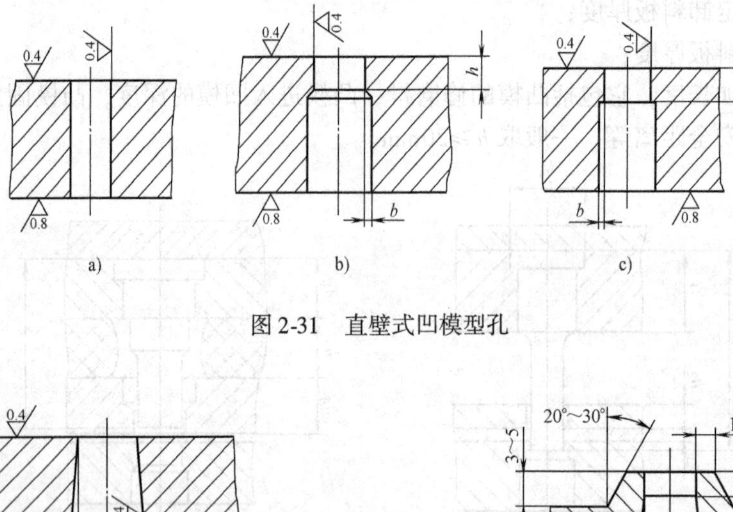

图 2-31　直壁式凹模型孔

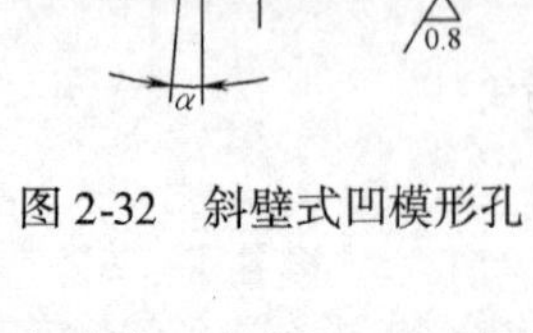

图 2-32　斜壁式凹模形孔

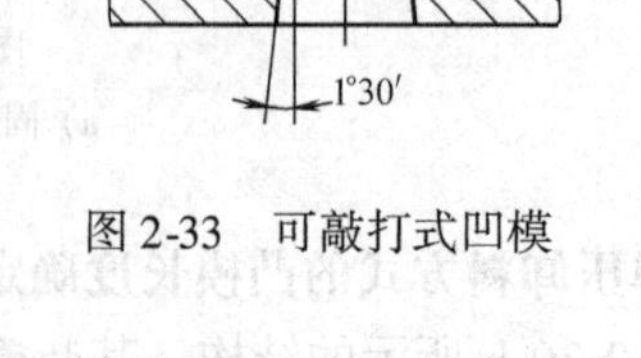

图 2-33　可敲打式凹模

(2) 斜壁型孔　如图 2-32 所示，用于顺出件式模具。并且只有在线切割机床配备有自动斜度装置时采用才合理，钳工修锉凹模型孔已极少应用。

斜壁型孔的斜角 α，用电火花加工型孔时，取 $\alpha=4'\sim20'$；用线切割加工时，取 $\alpha=1°\sim1.5°$。板料较厚时，α 角取大些；对于逆出件模具 α 角应取小些。

（3）可敲打式凹模　图2-33所示凹模适用于冲裁板厚在0.5mm以下的软材料。凹模硬度为35～40HRC。由于硬度不高，当凸、凹模间隙过大时，可用小锤打击20°～30°的斜面，以调整间隙，直到试冲出合格冲件为止。当工件尺寸精度要求不高时，也可用线切割将凸、凹模一次割出，以节约模具钢材料。

（二）凹模轮廓尺寸的确定

冲裁时凹模承受冲裁力和侧向挤压力的作用。如图2-34所示，在生产中通常根据冲裁的板料厚度和冲件的轮廓尺寸，按经验公式来确定凹模轮廓尺寸。

凹模厚（高）度 H

$$H = ks(\text{不小于} 8)$$

垂直于送料方向的凹模宽度 B

$$B = s + (2.5 \sim 4.0)H$$

送料方向的凹模长度

$$L = s_1 + 2s_2$$

式中　s——垂直送料方向的凹模刃壁间最大距离；

s_1——送料方向的凹模刃壁间最大距离；

s_2——送料方向的凹模刃壁至凹模边缘的最小距离。

k——系数，考虑板料厚度的影响，k 值见表2-11。

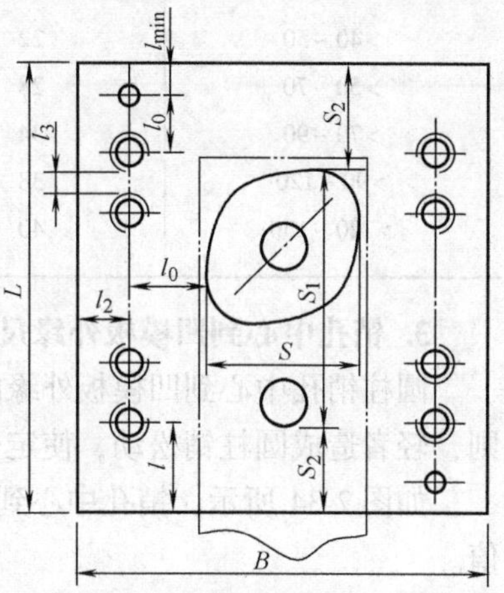

图2-34　凹模轮廓尺寸

表2-11　凹模厚度系数 k

s/mm	材料厚度 t/mm		
	≤1	>1～3	>3～6
≤50	0.30～0.40	0.35～0.50	0.45～0.60
>50～100	0.20～0.30	0.22～0.35	0.30～0.45
>100～200	0.15～0.20	0.18～0.22	0.22～0.30
>200	0.10～0.15	0.12～0.18	0.15～0.22

（三）凹模板上孔壁的最小尺寸

凹模板常用螺钉与下模座联接，并用销钉与下模座定位。为保证凹模强度，对这些孔到凹模板边缘与刃口边缘以及这些孔之间的最小距离，及凹模孔壁至凹模板外缘尺寸 s_2 应当加以限制。

1. 孔壁至凹模板外缘最小尺寸 s_2

为保证凹模强度，避免冲裁时凹模胀裂，应使凹模孔壁至凹模板外缘的最小距离 s_2 大于表2-12中 s_2 的取值。

2. 螺孔中心到凹模板外缘尺寸 l

如图2-34所示，当螺孔中心到凹模板外缘等距时，$l_1 = 1.25d \sim 2d$。

当螺孔中心到凹模板外缘不等距时，取 $l_2 = 1.2d$。

螺孔孔边距 $l_3 \geqslant 5$mm，冲极薄料或纸板时，凹模有时不淬火，上述允许值可取小些。

表 2-12 凹模孔壁至凹模板外缘最小尺寸 s_2

材料宽度 B/mm	材料厚度 t/mm			
	≤0.8	>0.8~1.5	>1.5~3	>3~5.0
≤40	20	22	28	32
>40~50	22	25	30	35
>50~70	28	30	36	40
>70~90	34	36	42	46
>90~120	38	42	48	52
>120~150	40	45	52	55

3. 销孔中心到凹模板外缘尺寸

圆柱销孔中心到凹模板外缘的距离应保证打入圆柱销时，孔壁最薄弱处不产生变形。否则，轻者造成圆柱销松动，使定位不精确，严重时可能胀裂销孔。

如图 2-34 所示，销孔中心到凹模板外缘允许的最小距离 l_{min}，应大于表 2-13 中 l_{min} 的取值。

表 2-13 销孔中心到凹模外缘最小距离 l_{min}

D	3	4	5	6	8	10	12	16	20
l	6	7	8	9	11	12	15	16	20

4. 螺孔与凹模型孔及销孔之间的距离 L

如图 2-34 所示，螺孔中心到刃口边缘或销孔边缘的距离若以 l_0 表示，则标准尺寸：$l_0 > 2d$。允许的最小尺寸：凹模板淬火时，$l_{0min} = 1.3d$；凹模板不淬火时，$l_{0min} = 1d$。

三、定位装置

（一）条料的定位

（1）条料的横向定位　条料的横向定位也称为导板，主要作用是保证条料的横向搭边值。图 2-35 a 所示为导板式导料，导料板由两块组成，装配模具时保证两导向面相互平行，称为分体式导料板。在简单落料模上，有时将导料板与固定卸料板制成一体，称为整体式导料板，如图 2-35 b 所示。

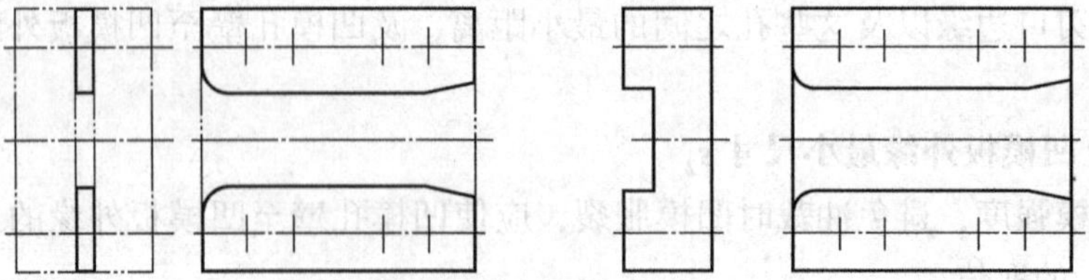

图 2-35　导料板结构

如图 2-20 所示的正装式复合模，它采用的是导料销导料，两个导料销的中心距应尽可能取大一些，以便于送料和防止条料偏斜。两个导料销应置于近人一侧，以利于安全操作。

采用导料销的优点是对条料宽度没有严格要求，且可使用边角料。

(2) 条料的纵向定位 条料纵向定位也称为挡料。在落料模与复合模中，挡料的主要作用是保证纵向搭边值。而在级进冲裁模中，还将影响制件的形位、尺寸精度，因此要求更高。

(二) 挡料销

固定挡料销装在凹模型孔出料一侧，利用落料以后的废料孔进行挡料，控制送料距离，简称步距。模具国家标准规定的固定挡料销如图 2-36 所示。其中，B 型用于废料孔较窄时挡料较方便，但应用不多，一般都采用 A 型。

活动挡料销是一种可以伸缩的挡料销，如图 2-37 所示。活动挡料销通常安装在倒装落料模或倒装复合模的弹压卸料板上，凹模不开让位孔，因此不损害凹模强度。但实践证明其可靠性较差。

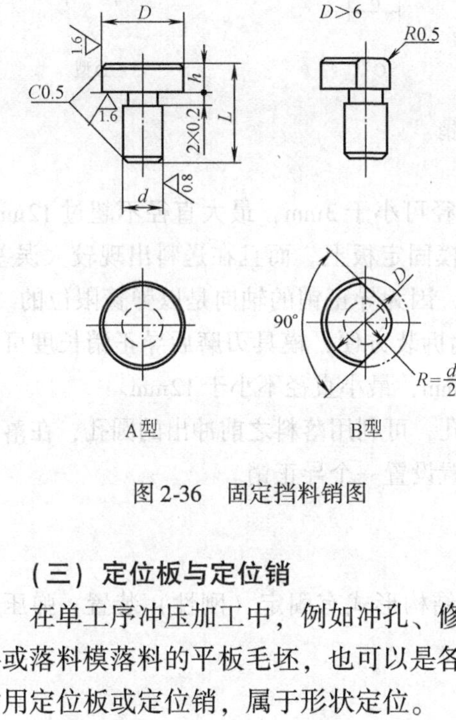

图 2-36 固定挡料销图

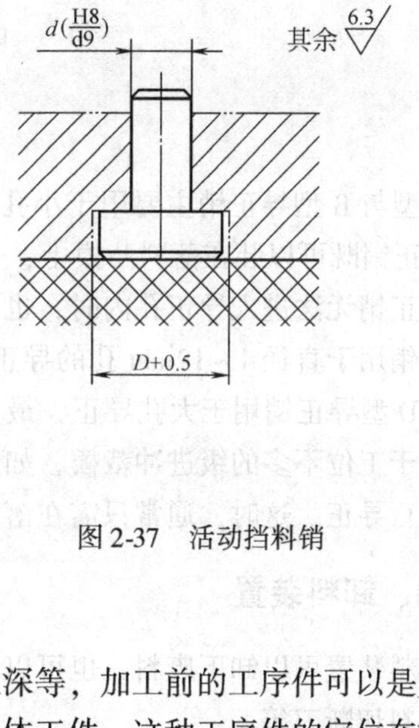

图 2-37 活动挡料销

(三) 定位板与定位销

在单工序冲压加工中，例如冲孔、修边、弯曲、拉深等，加工前的工序件可以是剪床下料或落料模落料的平板毛坯，也可以是各成型加工的立体工件。这种工序件的定位在模具中常用定位板或定位销，属于形状定位。

定位板定位有外形定位板和内孔定位板两种形式，定位时依据工件结构而定。

定位销定位用于外形定位时，可代替外形定位板，用于条料时，可代替导料板。

设计定位装置时，定位板或定位销与工序件之间的配合一般可取 H9/h8。制造时，常以工序件为基准修配得到。定位精度要求不高时，可将双边间隙放大至 0.1 ~ 0.2mm。定位板的厚度或定位销的工作高度 h 值应比板料厚度高出 1 ~ 2mm。

每块定位板要用两个销子定位，至少一个螺钉固定。定位板的定位面不宜过大，以便取放工件方便、安全，需多道工序完成的工件，定位基准应是统一的，以减少定位误差。

(四) 导正销

使用导正销的目的是消除送进导向、送料定距或定位板等粗定位的误差，保证孔与外形相对位置公差的要求。导正销主要用于级进模，也可用于单工序模。导正销通常与挡料销配合使用。常用导正销形式如图 2-38 所示。

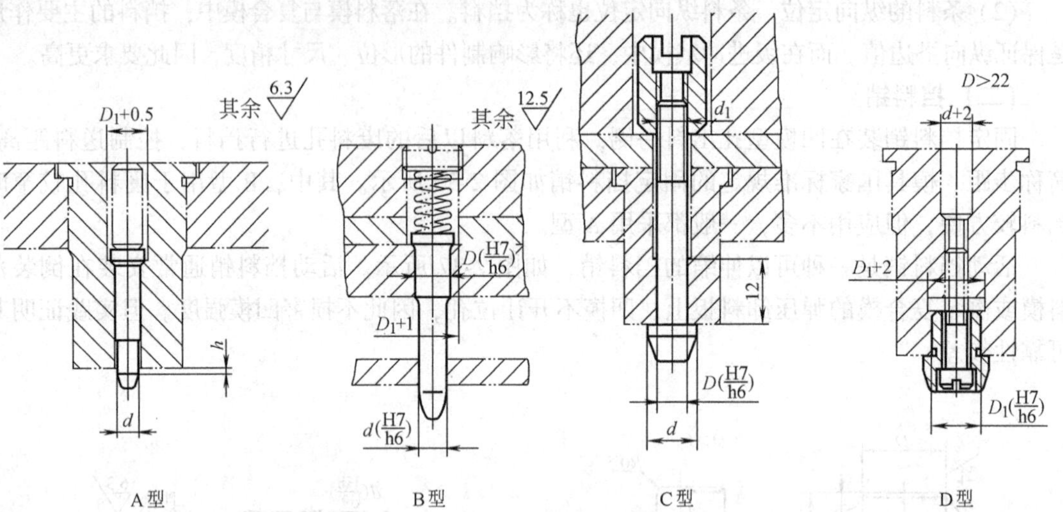

图 2-38　导正销

A 型与 B 型导正销主要用于小孔导正，最小直径可小于 3mm，最大直径不超过 12mm。B 型导正销既可以装在落料凸模上，也可以装在凸模固定板上。而且在送料出现较大误差，致使导正销无法进入导正孔内时，也不会损坏模具，因为导正销的轴向是以弹簧限位的。C 型导正销用于直径 4 ~ 12mm 孔的导正。这种导正销拆装方便，模具刃磨后导正销长度可以调节。D 型导正销用于大孔导正，最大直径可达 50mm，最小直径不小于 12mm。

对于工位不多的级进冲裁模，如工件上有圆形孔，可利用落料之前冲出的圆孔，在落料工位进行导正。这时，通常只需在落料凸模相应位置设置一个导正销。

四、卸料装置

卸料装置可以卸下废料，也可以卸下冲件。其结构形式有固定（刚性）装置、弹压装置和废料切断刀等。

（一）固定卸料装置

固定卸料板的卸料力大，卸料可靠。因此，当冲裁板料较厚（大于 0. 5mm）、卸料力较大、平直度要求不很高的冲裁件时，一般采用固定卸料装置，如图 2-39 所示。

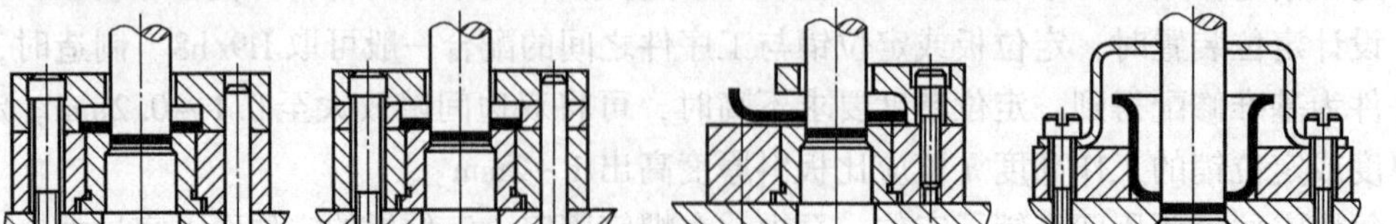

图 2-39　固定卸料装置

（二）弹压卸料装置

如图2-40所示，弹压卸料装置的基本零件是卸料板、弹性元件（弹簧或橡胶）、卸料螺钉。弹压卸料装置即起卸料作用又起压料作用，所得冲裁工件质量较好，平直度较高。因此，质量要求较高的冲裁件、薄板冲裁宜用弹压卸料装置。弹压卸料板与凸模的双边间隙约为0.1mm，装配模具时，保证模具在开启状态下，卸料板应高出模具工作零件刃口0.2～0.5mm，以便顺利卸料。

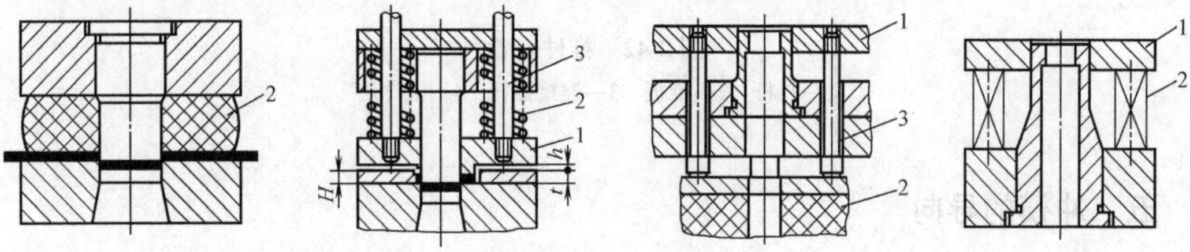

图2-40 弹压卸料装置
1—卸料板 2—弹性元件 3—卸料螺钉

（三）废料切断刀

对于落料或成形件的切边，如果冲件尺寸大或板料厚度大，卸料力大，往往采用废料切断刀代替卸料板，将废料切开而卸料。如图2-41 a所示，当凹模向下切边时，同时把已切下的废料压向废料切断刀上，从而将其切开。如图2-41 b所示为废料切断刀的结构。

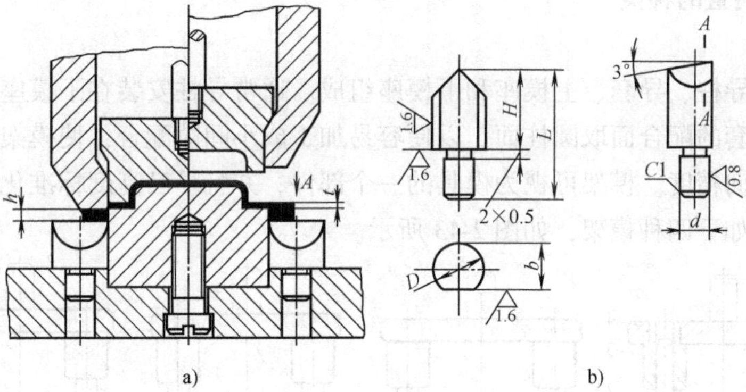

图2-41 废料切断刀及应用

（四）推件装置

推件装置一般是刚性的。其基本零件有打杆、推板、连接推杆和推件块，如图2-42 a所示。有的刚性推件装置不需要推板和连接推杆组成中间传递结构，而由打杆直接推动推件块，甚至直接由打杆推件，如图2-42 b所示。由于刚性推件力大，工作可靠，所以应用十分广泛。

如图2-42 c所示为弹性推件装置，其结构简单，但由于受弹性元件的限制，推件力较小。

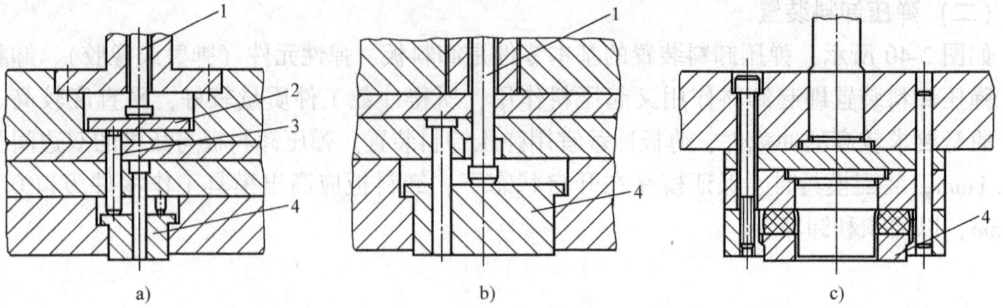

图 2-42　推件装置
1—打杆　2—推板　3—连接推杆　4—推件块

五、冲模的导向

（一）导向装置的主要作用

冲模工作时，除了由压力机滑块对上模与下模进行导向以外，还可单独设置导向装置进行导向，其主要作用如下：

1）模具在压力机上安装调整比较方便。

2）冲制的工件质量稳定，冲裁间隙始终保持一致而不易发生变化，因此工件有较好的互换性。

3）冲模不易损坏，故模具寿命比无导向冲模的长。

（二）导向装置的种类

1. 模架导向

普通模架由导柱、导套、上模座和下模座组成。通常导柱安装在下模座，导套安装在上模座。导柱与导套的配合面取圆柱面，以便容易加工成小间隙配合，使模架的导向精度高于压力机滑块的导向精度。模架可视为模具的一个部件，并且早已高度标准化与商品化。按导柱位置不同分为如下四种模架，如图 2-43 所示。

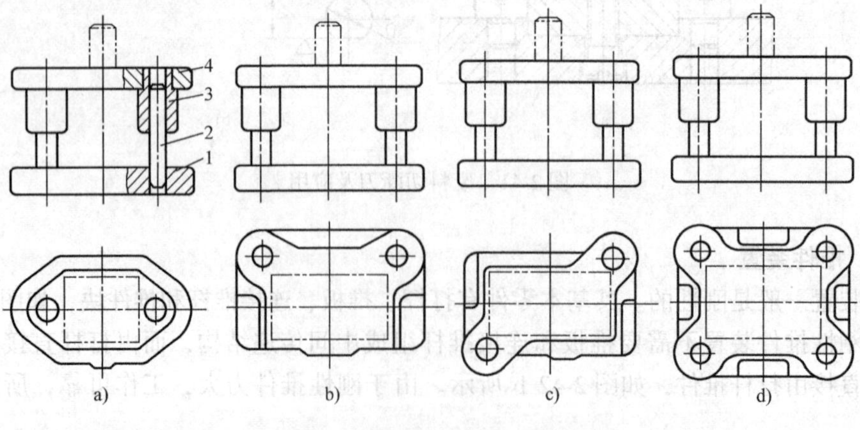

图 2-43　导柱位置不同的模架
a）中间导柱模架　b）后侧式导柱模架　c）对角导柱模架　d）四角式导柱模架
1—下模座　2—导柱　3—导套　4—上模座

导柱导套导向有滑动和滚动导向两种结构，如图 2-44 所示为导柱导套滑动导向模架，导柱导套的配合间隙应小于冲裁间隙，一般按 H6/h5、H7/h6 配合。其与模座的装配方式及要求按国家标准要求。

如图 2-45 所示为导柱导套滚动导向模架，在导柱与导套之间加多排钢珠，组成滚动导向装置。滚动导向的突出特点是：钢球与导柱、导套之间不但没有间隙，而且有 0.01 ~ 0.02mm 的过盈量，成为无间隙导向，因此其导向精度非常高。

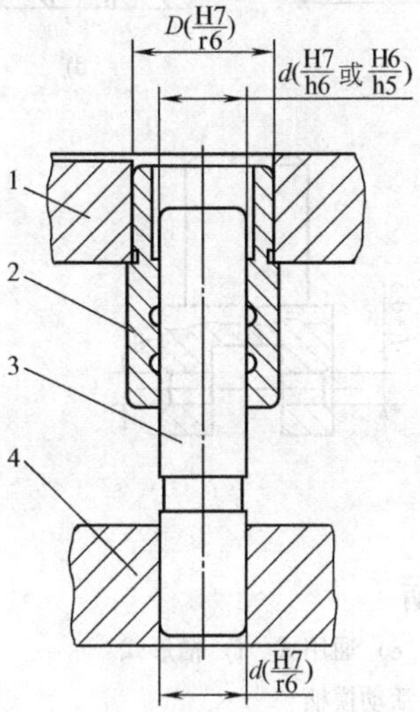

图 2-44　导柱导套滑动导向模架

1—上模座　2—导套　3—导柱

4—下模座

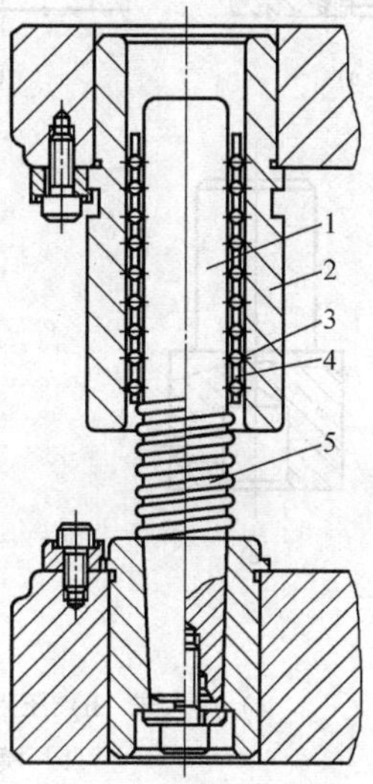

图 2-45　导柱导套滚动导向模架

1—导柱　2—导套　3—钢球

4—钢球保持圈　5—弹簧

2. 导板导向

将模具的固定卸料板与凸模制成小间隙配合，一般为 H7/h6，称为导板。导板的型孔按凸模刃口尺寸配作。导板的功用有两个：一是在冲程时起上模与下模之间的导向作用；二是在回程时起卸料作用。

导板导向式冲裁模突出的优点是使用时非常安全，可以说是所有冲裁模中最安全的。因为在使用过程中，始终不允许凸模与导板脱离。

六、模柄

中小型模具一般都用模柄将上模与压力机滑块相连接。设计模具时，选择模柄的类型要考虑模具结构的特点和使用要求，模柄工作段的直径应与所选定的压力机滑块孔的直径相一致。图 2-46 中给出了几种常用的标准模柄形式，可供设计时选用。

旋入式模柄通过螺纹与上模座联接，拆卸方便，还可以互换使用。

压入式模柄装配后，模柄轴线与上模座垂直度比旋入式模柄好。

凸缘模柄装配后，模柄的垂直度远不如压入式模柄好，且与上模座的平行度也较差。这种模柄的优点在于凸缘的厚度一般不到模座厚度的一半，模座凸缘以下部分仍可加工出型

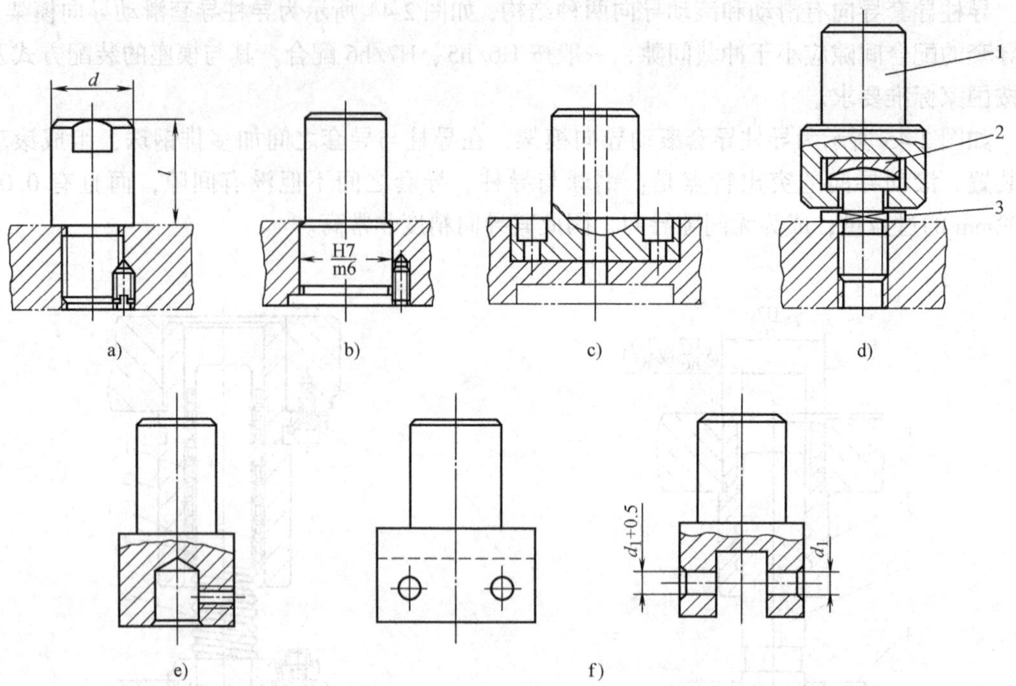

图2-46 常用的标准模柄

a）旋入式 b）压入式 c）凸缘式 d）浮动式 e）通用式 f）槽形式

1—模柄接头 2—凹球面垫块 3—活动模柄

孔，以便容纳推件装置的顶板。

浮动模柄的模柄接头1与活动模柄3之间加一个凹球面垫块2。因此，模柄与上模座不是刚性连接，允许模柄在工作过程中产生少许倾斜。采用浮动模柄，可避免压力机滑块由于导向精度不高对导向装置产生的不利影响，减少对模具导向件的磨损，延长其使用寿命，使模具导向装置长期保持良好的导向精度。

通用模柄是将快换凸模插入模柄孔内，配合为H7/m6，再用螺钉从模柄侧面将其紧固，防止卸料时凸模被拔出，这样就组成了通用冲孔模的上模。

槽形模柄便于固定非圆凸模，并使凸模结构简单、容易加工。

七、凸模固定板

凸模固定板的外形与尺寸通常与凹模板相同，厚度为凹模板厚度的0.8～1倍。

固定凸模的型孔决定于凸模的结构设计，对于圆凸模，取凸模固定端的直径按H7精度加工；对于用螺钉吊装的直通式凸模，要求型孔按凸模实际尺寸配作成M7/h6；对于用低熔点合金、环氧树脂及胶粘法固定的凸模，则型孔尺寸按相应凸模尺寸适当放大周边间隙来确定。

八、垫板

垫板装在凸模固定板与上模座之间，可避免硬度较低的模座因局部受凸模较大的冲压而出现凹陷，致使凸模松动。有些模具在凹模与下模座之间也加垫板，目的是为了提高模具的使用寿命。垫板的平面形状与尺寸与固定板相同，其厚度一般取6～10mm。

如果模座是用钢板制造的，当凸模截面面积不太小时，可以省去垫板。

九、紧固件

冲模上的紧固件包括联接螺钉和定位销钉。受力较大的联接螺钉一般都采用内六角螺钉。定位销钉一般采用普通圆柱销。

十、冲模的标准化

由于产品的多样性，模具作为加工过程的工艺装备是不可能像设备那样按需要购入的。就模具总体而言，它永远是单件生产的。这是模具生产的一大特点，也是容易被人们误认为模具难于实现标准化的一个原因。但组成模具的许多零件和组合件都可以实现标准化与系列化，至少在下列几方面可以实现标准化：

1）由上、下模座与导柱、导套组成的模架。这是各工业国家最早实现模具标准化的项目，并收到显著的效益。

2）配套的导柱与导套，可用来组装标准模架以外的大型模架。

3）模具通用件，如连接件、定位件等。

4）凹模板、卸料板、固定板、垫板等。

5）对圆形凸模和凹模，规定容易更换的标准结构形式与固定方式，连同固定件都规格化与系列化。

第三章　弯　　曲

弯曲是将板料、棒料、管料或型材等弯成一定形状和角度的工件的成型方法。弯曲件的形状很多，如V形件、U形件、Z形件以及其他形状的工件。弯曲可以利用模具在压力机上进行，也可在其他专用设备（如折弯机、滚弯机、拉弯机、弯管机）上进行。本章主要介绍板料在压力机上用模具弯曲的工艺及模具设计。

第一节　弯曲变形的特点

一、变形过程分析

（一）变形过程

板料的V形弯曲和U形弯曲是最基本的弯曲变形。板料在V形模内的弯曲过程如图3-1所示。

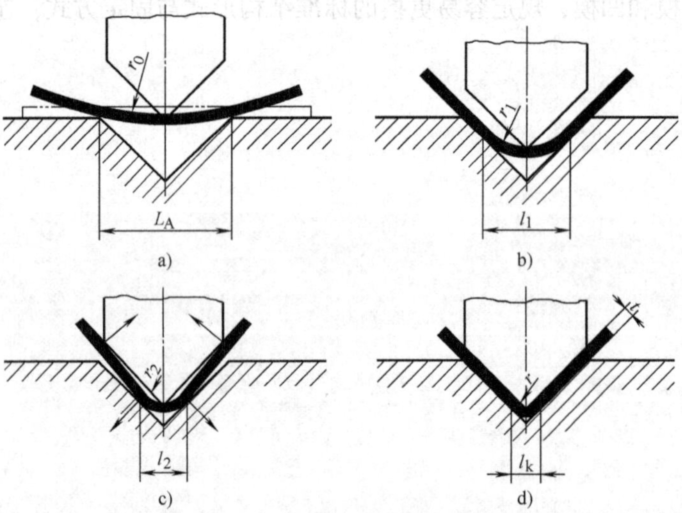

图3-1　弯曲过程

在凸模压力下，板料受弯矩的作用，先发生弹性变形，后进入塑性变形。在塑性弯曲过程中，随着凸模逐渐进入凹模，板料与凹模表面逐渐靠紧，由 L_A 变为 l_1、l_2、l_k，同时弯曲圆角半径也逐渐减小，由 r_0 变为 r_1、r_2、r。弯曲到一定程度时，板料与模具三点接触，这时曲率半径为 r_2，此后凸模便把板料的直边，向与以前相反的方向压向凹模。在行程结束时，凸、凹模对弯曲件进行校正，使其直边、圆角均与凸模全部靠紧。三点接触之前为自由弯曲阶段，以后为校正弯曲阶段。

（二）弯曲变形特点

为研究弯曲变形的特点，可先在板料侧壁上画上坐标网格，然后进行弯曲。观察变形后的网格及横断面的变化，如图 3-2 所示，可以发现弯曲变形有如下特点：

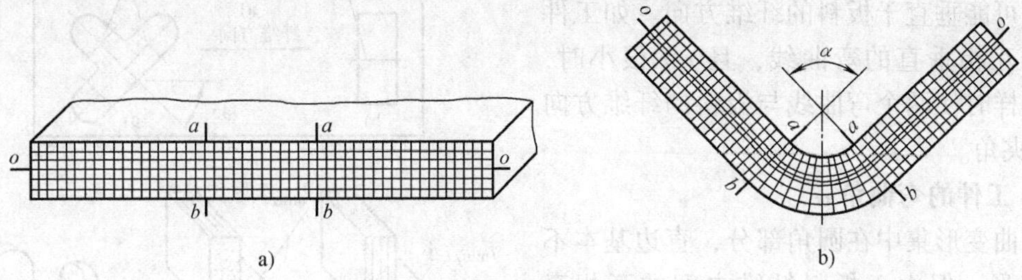

图 3-2 弯曲前后坐标网格的变化

a）弯曲前 b）弯曲后

1）工件分成了直边和圆角两部分，圆角部分是变形区。其中圆角部分的内半径为 r，中心角为 α。圆角部分的正方形网格变成了扇形，远离圆角的直边部分网格没有变化，而靠近圆角的直边网格有少许的变化。

2）在圆角变形区内，变形不均匀。弯曲前 $\overset{\frown}{aa} = \overset{\frown}{bb}$，弯曲后 $\overset{\frown}{aa} < \overset{\frown}{bb}$，说明板料内缘的切向纤维受压而缩短，外缘的切向纤维受拉而伸长。由内、外表面至板料中心，其缩短和伸长的程度逐渐变小。从外层的伸长过渡到内层的压缩，由于材料的连续性，其间必有一层纤维，它的长度在弯曲前后保持不变，称为应变中性层。

3）当相对弯曲半径 r/t 较小时，厚度变薄和长度增加较大。

弯曲变形区，内区受压，外区受拉，拉区使板料减薄，压区使板料增厚，中性层内移，拉区扩大，压区减小，使板料的减薄大于增厚，从而使整个板料出现变薄现象。r/t 越小，变薄现象越严重。

二、弯曲半径

（一）最小弯曲半径

r/t 称为相对弯曲半径，生产中常用 r/t 表示弯曲变形程度的大小。r/t 值越小，板料最外层纤维的伸长变形程度越大，当 r/t 小到一定值后，最外层纤维的伸长变形将超过材料的最大许可变形而产生裂纹。防止外层纤维拉裂的极限弯曲半径，称为最小相对弯曲半径，用 r_{min}/t 来表示。

（二）影响最小弯曲半径的因素

1. 材料的力学性能

材料的塑性越好，塑性指标如伸长率、断面收缩率等越高。便可采用较小的 r_{min}/t。

2. 板料的表面和侧面质量

板料的表面有划伤、裂纹或侧面（剪切面）有毛刺、裂口及冷作硬化等缺陷时，弯曲中容易开裂，使材料过早地破坏，不可采用较小的 r_{min}/t。

3. 板料的纤维方向

轧制板材具有方向性，顺着纤维方向的塑性指标高于垂直于纤维方向的指标。如图 3-3 所示，当工件的弯曲线与板料的纤维方向垂直时，可具有最小的弯曲半径。若弯曲线与板料的纤维方向平行时，其最小弯曲半径最大。故在弯制 r/t 较小的工件时，其排样应使弯曲线尽可能垂直于板料的纤维方向。如工件有两个互相垂直的弯曲线，且 r/t 很小时，应在排样时使两个弯曲线与板料的纤维方向成45°夹角。

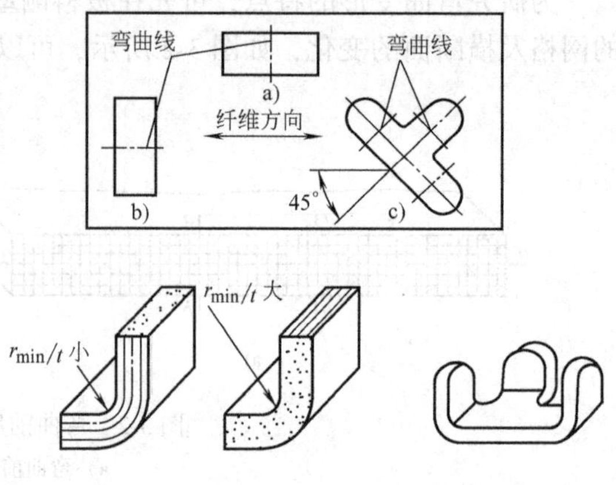

图 3-3　纤维方向对 r_{min}/t 的影响

4. 工件的弯曲角 α

弯曲变形集中在圆角部分，直边基本不参与变形。但由于板料纤维之间的互相牵制，靠近圆角的直边材料也参与了弯曲变形。弯曲角 α 越小，直边部分参与变形的分散效应越显著，最小弯曲半径 r_{min}/t 也越小。$\alpha<90°$影响较显著，$\alpha>90°$时，弯曲角的影响很小。

（三）相对最小弯曲半径的确定

表 3-1 为多次试验获得的相对最小弯曲半径 r_{min}/t 值。本表用于板厚小于 10mm，弯曲角大于 90°，剪切断面良好的情况。

表 3-1　最小弯曲半径 r_{min}/t

材料	正火或退火状态		冷作硬化状态	
	弯曲线的方向			
	垂直纤维	平行纤维	垂直纤维	平行纤维
铝 退火紫铜 黄铜 H68 05、08F	0	0.3	0.3 1.0 0.4 0.2	0.8 2.0 0.8 0.5
08～10，A1，A2	0	0.4	0.4	0.8
15～20，A3	0.1	0.5	0.5	1.0
25～30，A4	0.2	0.6	0.6	1.2
35～40，A5	0.3	0.8	0.8	1.5
45～50，A6	0.5	1.0	1.0	1.7
硬铝（软）	1.0	1.5	1.5	2.5
硬铝（硬）	2.0	3.0	3.0	4.0

第二节　弯曲卸载后的回弹

一、弯曲回弹现象及原因

在外力作用下，板料产生的总变形由塑性变形和弹性变形两部分组成。当外力去除后，塑性变形保留下来，而弹性变形则会完全消失，使弯曲件的形状和尺寸发生变化而与模具不一致，这种现象称为回弹。回弹的结果表现为弯曲件半径和角度的变化，如图 3-4 所示。

通过研究回弹，可以预先掌握弯曲件的回弹趋向，初定回弹量的大小，以减少模具在试模调整阶段的工作量，保证弯曲件的质量。

二、弯曲件回弹值的确定

影响回弹的因素很多，生产中，按回弹量来制造的模具需要经过多次调试和修磨，才能使回弹量控制在许可的范围内。此外，还可以采用一些工艺措施用以减小回弹。

（一）小变形程度（$r/t \geqslant 10$）自由弯曲时，回弹值的确定

当 $r/t \geqslant 10$ 时，卸载后弯曲件的回弹较大，凸模工作部分的圆角半径和角度可按下式计算

$$r_T = \frac{r}{1 + 3\dfrac{\sigma_S r}{Et}}$$

$$\alpha_T = \frac{r}{r_T}\alpha$$

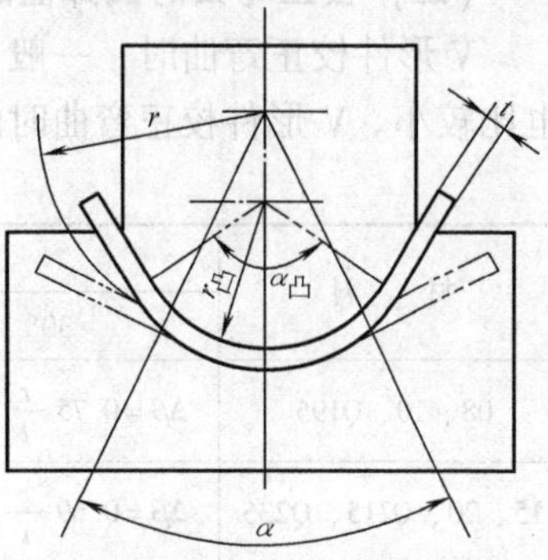

图 3-4 弯曲件卸载前后的变化

式中 r_T——凸模工作部分的圆角半径；

r——弯曲件的圆角半径；

α_T——凸模圆角部分中心角；

α——弯曲件圆角部分中心角；

σ_S——弯曲件材料的屈服点；

E——弯曲件材料的弹性模量；

t——弯曲件材料厚度。

（二）大变形程度（$r/t < 5$）自由弯曲时，回弹值的确定

当 $r/t < 5$ 时，卸载后弯曲件圆角半径的变化很小，可以不予考虑。对于弯曲中心角为 90°的 V 形件自由弯曲时，回弹角可查表 3-2。

表 3-2 单角自由弯曲 90°时的平均回弹角 $\Delta\alpha_{90}$

材 料	$\frac{r}{t}$	材料厚度 t/mm		
		<0.8	0.8~2	>2
软 钢 σ_b = 350MPa	<1	4°	2°	0°
黄 铜 σ_b = 350MPa	1~5	5°	3°	1°
铝和锌	>5	6°	4°	2°
中硬钢 σ_b = 400~500MPa	<1	5°	2°	0°
硬黄铜 σ_b = 350~400MPa	1~5	6°	3°	1°
硬青铜	>5	8°	5°	3°
	<1	7°	4°	2°
硬 钢 σ_b > 550MPa	1~5	9°	5°	3°
	>5	12°	7°	6°
	<1	2°	3°	4°30′
硬 铝 LY12	1~5	4°	6°	8°30′
	>5	6°30′	10°	14°

当弯曲中心角不为90°时，其回弹角可按下式换算

$$\Delta\alpha = \frac{\alpha}{90}\Delta\alpha_{90}$$

式中　$\Delta\alpha$——弯曲件的弯曲中心角为 α 时的回弹角；

α——弯曲件的弯曲中心角；

$\Delta\alpha_{90}$——弯曲中心角为90°时的回弹角。

（三）校正弯曲时回弹值的确定

V形件校正弯曲时，一般 r/t 都比较小，可以不考虑弯曲半径的回弹，弯曲角的回弹量也比较小。V形件校正弯曲时的回弹量经验公式见表3-3。

表3-3　V形件校正弯曲时的回弹角

材　料	弯　曲　角　β			
	30°	60°	90°	120°
08、10、Q195	$\Delta\beta=0.75\frac{r}{t}-0.39$	$\Delta\beta=0.58\frac{r}{t}-0.80$	$\Delta\beta=0.43\frac{r}{t}-0.61$	$\Delta\beta=0.36\frac{r}{t}-1.26$
15、20、Q215、Q235	$\Delta\beta=0.69\frac{r}{t}-0.23$	$\Delta\beta=0.64\frac{r}{t}-0.65$	$\Delta\beta=0.434\frac{r}{t}-0.36$	$\Delta\beta=0.37\frac{r}{t}-0.58$
25、30、Q255	$\Delta\beta=1.59\frac{r}{t}-1.03$	$\Delta\beta=0.95\frac{r}{t}-0.94$	$\Delta\beta=0.78\frac{r}{t}-0.79$	$\Delta\beta=0.46\frac{r}{t}-1.36$
35、Q275	$\Delta\beta=1.51\frac{r}{t}-1.48$	$\Delta\beta=0.84\frac{r}{t}-0.76$	$\Delta\beta=0.79\frac{r}{t}-1.62$	$\Delta\beta=0.51\frac{r}{t}-1.71$

三、克服回弹的方法

（一）在弯曲件结构设计上采取措施

1）在弯曲件变形区压制加强肋。这样回弹将受到牵制，可以减少弯曲后的回弹，提高工件的刚度。

2）尽量选用 $\sigma s/E$ 小、力学性能稳定的材料进行弯曲，以减小回弹。

3）在满足最小许用弯曲半径的条件下，尽量使 r/t 在1~2范围内，根据实践，此时回弹角最小。

（二）在工艺上采取措施

1）用校正弯曲代替自由弯曲。这是生产上常用的、行之有效的弯曲方法。

2）对冷作硬化的材料，弯曲前先退火，使其屈服极限降低，可减小回弹。对回弹较大的材料，可采用加热弯曲。

3）采用拉弯工艺。拉弯主要用于长度和曲率半径都比较大的工件。

（三）在模具结构上采取措施

1）补偿法。这是一种较简单有效的办法，在生产中广泛应用。对于较硬的材料如45钢、50钢、Q275、H62（硬）等，可根据回弹趋势和回弹值修正模具工作部分的形状和尺寸，使工件的回弹量得到补偿。对于软材料如Q215、Q235、10钢、20钢、H62（软）等其回弹角小于5°时，可采用在模具上作出补偿角，并取凸、凹模小间隙的方法，如图3-5所示。

2）对于板厚 $t>0.8$mm 的软材料，当弯曲半径不大时，可将凸模做成局部突起的形状，如图3-6所示，使压力集中在变形区，以进行校形，减小回弹。

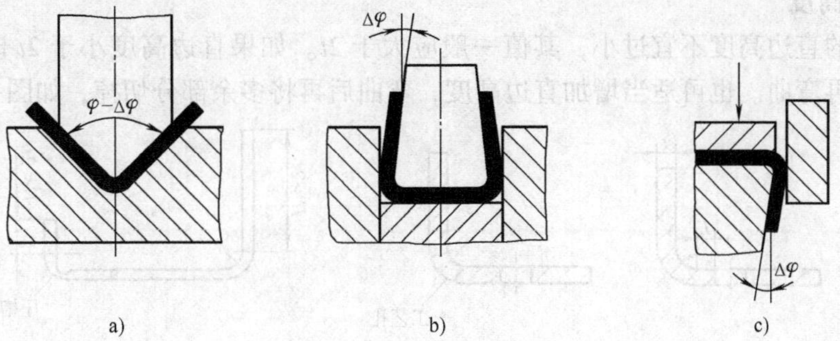

图 3-5　模具上补偿回弹

3）对于 r/t 较大的 U 形件，在不影响使用的条件下，可将凸模端面和顶板表面作成弧形，如图 3-7 所示，使底部产生的负回弹和角部产生的正回弹互相补偿。

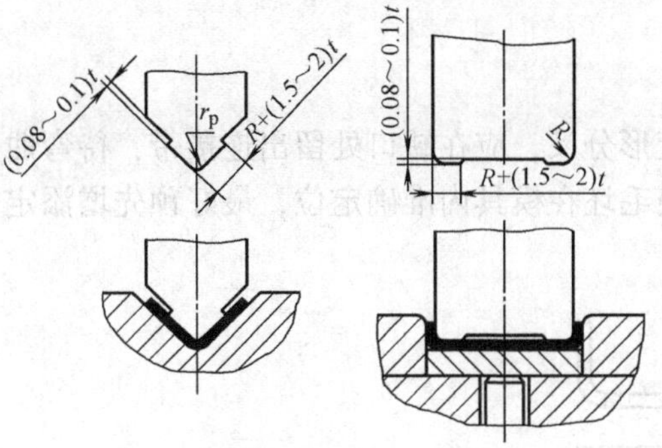

图 3-6　集中校形减小回弹

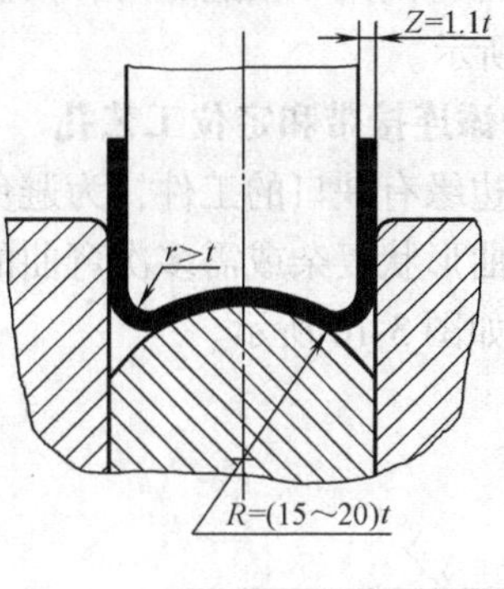

图 3-7　弧形底边抵消回弹

第三节　弯曲件的工艺性分析

一、弯曲件的结构

1. 弯曲半径

为防止弯裂，弯曲件的弯曲半径不宜小于最小弯曲半径，也不宜过大，过大时由于受到回弹的影响，不易保证精度。

2. 弯曲件的形状

弯曲件的形状应尽量对称，以避免弯曲时毛坯受力不平衡而发生偏移。如果形状不对称或弯曲时毛坯易发生移动，应考虑增加定位工艺孔。

3. 孔边距离

当弯曲件带孔时，为防止孔变形，孔边缘到弯曲半径 r 的距离 L 不能太小，应满足：当 $t<2$mm 时，$L \geqslant t$；当 $t \geqslant 2$mm 时，$L \geqslant 2t$。若不能满足上式，可在弯曲线上冲工艺孔或切槽，如图 3-8a 所示。如对工件孔的精度要求较高，则应弯曲后再冲孔。

4. 直边高度

弯曲件的直边高度不宜过小，其值一般应大于 $2t$。如果直边高度小于 $2t$ 时，可在弯曲部位压槽后再弯曲。也可适当增加直边高度，弯曲后再将多余部分切掉，如图 3-8b 所示。

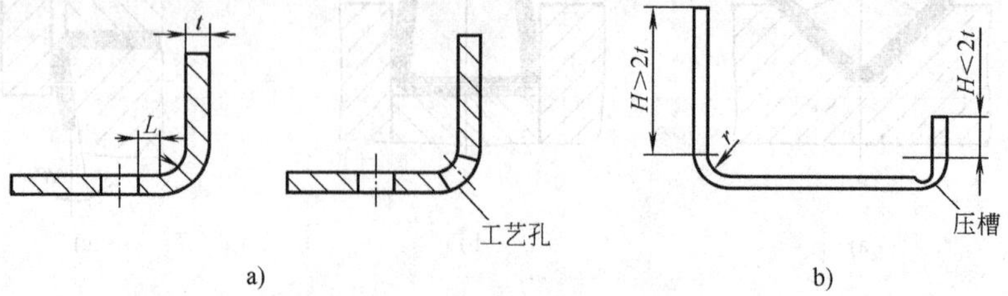

图 3-8　弯曲件孔边距离与直边高度

5. 防止弯曲根部裂纹

当局部弯曲某一段边缘时，为防止尖角处应力集中而开裂，应开工艺槽、增添工艺孔，如图 3-9 所示。

6. 增添连接带和定位工艺孔

弯曲边缘有缺口的工件，为避免缺口部分变形分叉，应在缺口处留出连接带，待弯曲后切去。弯曲形状复杂或需多次弯曲的工件，为使毛坯在模具内准确定位，最好预先增添定位工艺孔，如图 3-10 所示。

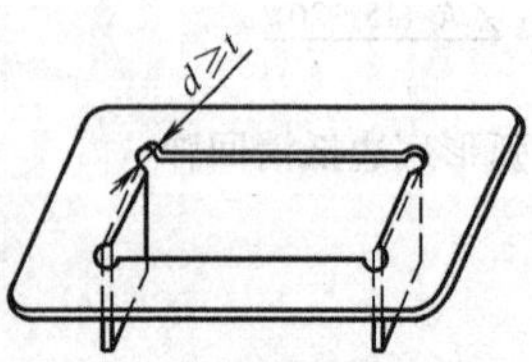

图 3-9　加冲工艺孔

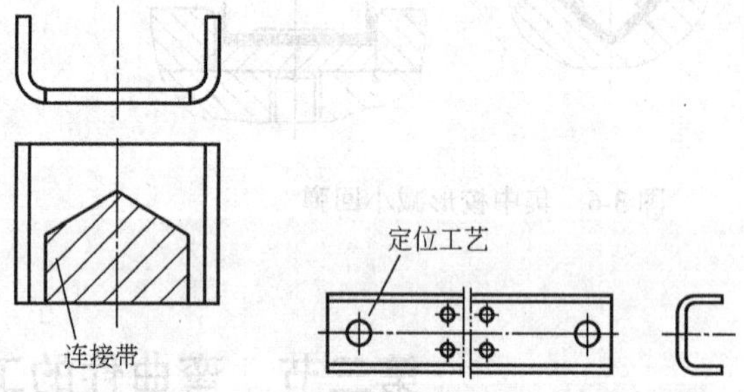

图 3-10　增添连接带和定位工艺孔

二、制定弯曲工序的原则

安排弯曲件的工序应考虑工件形状、精度等级、生产批量以及材料的力学性能等因素。合理的工序安排可以减少工序数目、简化模具结构，并且可以提高工件质量和劳动生产率。

1）对于形状简单的弯曲件，如 V 形件、U 形件、Z 形件等，可用一次弯曲成形。对于形状复杂的弯曲件，一般需要二次或多次弯曲成形。

2）需要多次弯曲时，一般是先弯两端，后弯中间部分，前次弯曲应考虑后次弯曲有可靠的定位，后次弯曲不能影响前次已成形的部分。图 3-11 所示为需三道工序弯曲成形的弯曲件。

3）当弯曲件形状不对称时，为避免压弯时坯料偏移，应尽量采用成对弯曲，然后再切成两件的工艺。

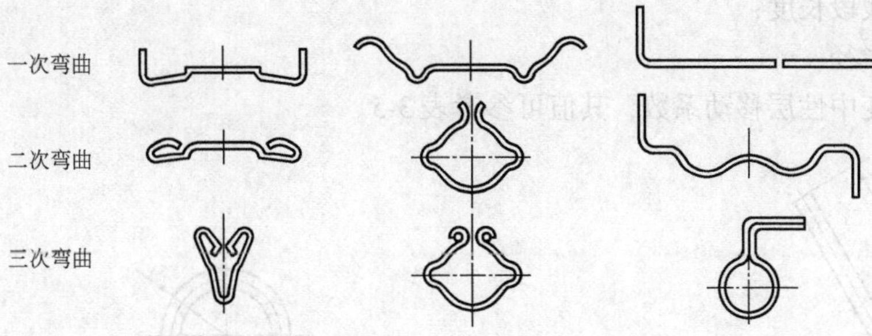

图 3-11 需三道工序弯曲成形的弯曲件

4）对于批量大而尺寸较小的弯曲件，为使操作方便、定位准确和提高生产率，应尽可能采用级进模或复合模。

第四节 弯曲件展开长度及弯曲力的计算

一、弯曲件展开长度的计算

弯曲件的展开长度是指其平板毛坯的长度。根据弯曲件的形状和尺寸的不同，可采用不同的近似计算方法。

由于板料弯曲时应变中性层的长度是不变的，所以可根据变形后应变中性层的长度来确定弯曲件的毛坯长度，即弯曲件的展开长度。

（一）有一定角度要求的弯曲

按中性层展开的原理，坯料总长度应等于弯曲件直线部分和圆弧部分长度的总和，如图 3-12 所示

$$L_Z = l_1 + l_2 + \pi\alpha/180(r + x_0 t)$$

式中 L_Z——坯料展开总长度；

α——弯曲中心角；

x_0——中性层位移系数，见表 3-4。

表 3-4 中性层位移系数 x_0 的数值（10～20 钢）

r/t	0.1	0.2	0.3	0.4	0.5	0.6	0.7	0.8	1.0	1.2
x_0	0.21	0.35	0.38	0.42	0.445	0.47	0.475	0.5	0.32	0.33
r/t	1.3	1.5	2	2.5	3	4	5	6	7	≥8
x_0	0.34	0.36	0.38	0.39	0.4	0.42	0.44	0.46	0.48	0.5

（二）卷圆弯曲

图 3-13 所示工件，在 r =（0.6～3.5）t 时，通常采用推圆的方法成形，板料增厚，中性层外移，其坯料长度可按下式近似计算

$$L = l + 1.5\pi(r + x_1)t + r$$
$$\approx l + 5.7r + 4.7x_1 t$$

式中　l——直线段长度；

r——内半径；

x_1——应变中性层移动系数，其值可参考表 3-5。

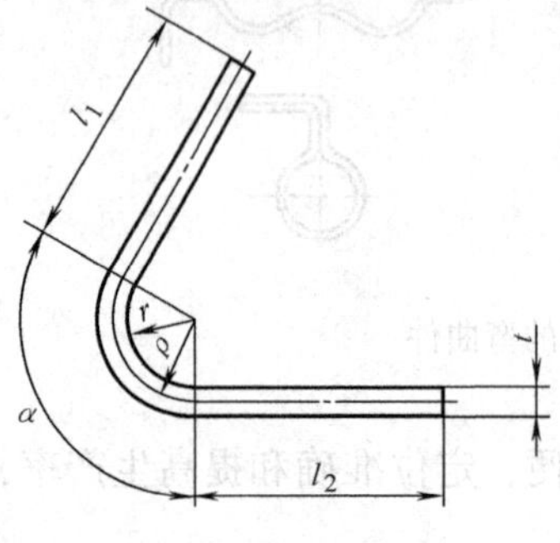

图 3-12　有一定角度要求的弯曲

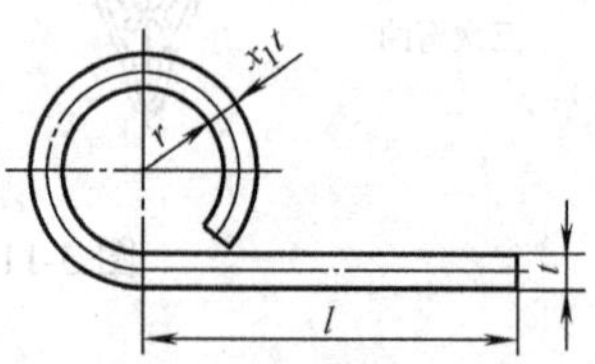

图 3-13　卷圆弯曲件

表 3-5　系数 x_1 的数值

r/t	>0.5~0.6	>0.6~0.8	>0.8~1	>1~1.2	>1.2~1.5	>1.5~1.8	>1.8~2	>2~2.2	>2.2
x_1	0.76	0.73	0.7	0.67	0.64	0.61	0.58	0.54	0.5

二、弯曲力的计算

弯曲力是拟订板料弯曲加工工艺和选择压力机的重要依据之一。由于弯曲力受材料性能、工件形状与尺寸、弯曲方式、模具结构等多种因素的影响，因此，在生产中常采用经验公式来估算弯曲力。所给出的弯曲力均为弯曲过程中可能出现的最大弯曲力，以便于选择压力机。

（一）自由弯曲力

V 形件最大自由弯曲力

$$F_{自} = \frac{0.6KBt^2\sigma_b}{r+t}$$

U 形件最大自由弯曲力

$$F_{自} = \frac{0.7KBt^2\sigma_b}{r+t}$$

式中　$F_{自}$——最大自由弯曲力（N）；

B——弯曲件的宽度（mm）；

t——材料的厚度（mm）；

r——弯曲件的内弯曲半径（mm）；

σ_b——材料的抗拉强度（MPa）；

K——安全系数，一般取 $K=1.3$。

（二）校正弯曲力

对 U 形件和 V 形件校正弯曲时，均按下式近似计算

$$F_{校} = Aq$$

式中 $F_{校}$——校正弯曲力（N）；

A——校正部分投影面积（mm^2）；

q——单位面积校正力（MPa），其值见表 3-6。

表 3-6 单位校形力 F_q 值 （MPa）

材 料	板 料 厚 度 t/mm	
	<3	3~10
铝	30~40	50~60
黄铜	60~80	80~100
10~20 钢	80~100	100~120
25~35 钢	100~120	120~150
钛合金 BT1	160~180	180~210
钛合金 BT2	180~200	200~260

三、顶件力或压料力

若弯曲模设有顶件装置或压料装置，其顶件力 F_D 或压料力 F_Y 可选取自由弯曲力的 30%~80%，即

$$F_D = (0.3 \sim 0.8)F_{自}$$

四、压力机公称压力的确定

对于有压料的自由弯曲

$$F_{压机} = F_{自} + F_Y$$

对于校正弯曲，由于校正弯曲力比自由弯曲力大得多，而在弯曲过程中两者不是同时存在，且校正力的数值比压料力或顶件力大得多，因此，按校正力选择压力机的压力就可以了。

$$F_{压机} \geqslant F_{校}$$

第五节 弯曲模的典型结构

一、弯曲模的典型结构分析

弯曲模没有固定的结构形式，结构设计也没有冲裁模那样典型。但设计时一般可遵循：当工件较大、不需多道工序成形时，设计单工序弯曲模，要比设计复杂的复合工序弯曲模可靠，调整也方便；当工件较小、需多道工序才能成形时，应设计为复合模或连续模，特别是设计为连续模最佳。设计时还应注意：毛坯在模具上应可靠定位，避免滑动和偏移；适当补偿模具，以消除回弹；模具结构应有利于安全操作；另外由于影响弯曲件精度的因素较多，制造模具时，可先制造成形模具再制造落料模具。

下面主要根据弯曲件的不同结构来分析几类弯曲模具。

（一）V 形件弯曲模

（1）V形件弯曲模　如图3-14所示，凸模3装在标准槽形模柄1上，并用两个销钉2定位，组成上模。槽形模柄一侧的销孔扩大0.5mm，便于打入销钉。毛坯由定位板4定位，并沿定位面加工出让位槽，便于放入毛坯。由顶杆6和弹簧7组成顶件装置，工作时起压料作用，可防止毛坯横向移位，回程时又可将工件从凹模5内顶出。弯曲模一般不需要模架，调整模具时，下模先不要固定死，在凹模与凸模之间放上厚度与工件板厚相同的板料，用凸模镦压几次，上下模便可对正。

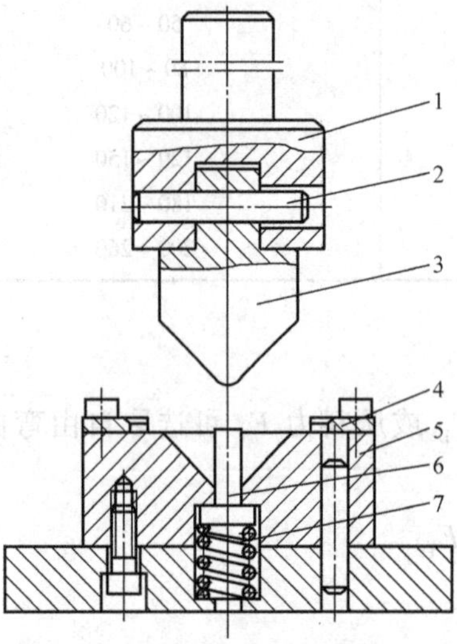

图3-14　V形件弯曲模

1—槽形模柄　2—销钉　3—凸模　4—定位板　5—凹模　6—顶杆　7—弹簧

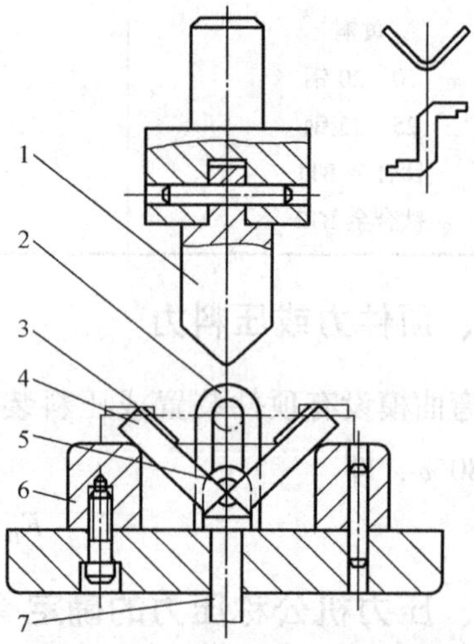

图3-15　V形件折板式弯曲模

1—凸模　2—支架　3—定位板　4—凹模　5—铰链　6—支承板　7—顶杆

（2）V形件折板式弯曲模　如图3-15所示，其主要特点是凹模4由两块平板构成，中间以铰链5连接，铰链的心轴可沿支架2的长槽上下滑动。在下模板上安装通用弹顶器（图中未画出），可为顶杆7提供压力。不工作时，由两个顶杆将两块凹模板顶起，成为一个平面，这时支架起限位作用。在凹模板对角处设置两个定位板3，由落料模制备的工序件可放入定位板槽内进行外形定位。工作时，在凸模1压力作用下，两凹模板将绕铰链心轴翻转，铰链心轴沿支架槽下滑，这时支架又起导向作用。凹模板两端由支承板6限位，当凹模板下滑并被下模板抵住时，便形成V形凹模要求的形状。随着凹模板的翻转，工件两侧不断被弯曲，并逐渐贴紧凸模，完成弯曲加工。

（二）U形件弯曲模

（1）U形件弯曲模　如图3-16所示，常用的U形件弯曲模，其主要特点是在凹模5内设置一反顶板3。反顶力来自装在下模座6底部的通用弹顶装置，弯曲时始终能对工件底部施加较大的反顶压力，因此工件底部能保持平整。反顶板上装有定位销钉2，可利用工件上的工艺孔对毛坯进行定位，即使U形件两直边高度不同，也能保证弯边的高度尺寸。

凸模1对应的定位销钉处需钻定位孔。毛坯由定位板4定位，因有定位销对毛坯定位，定位板在毛坯长度方向可不作精确定位。如果要进行校正弯曲，反顶板可作为凹模底来用。在回程时，反顶板又能将工件从凹模内顶出。

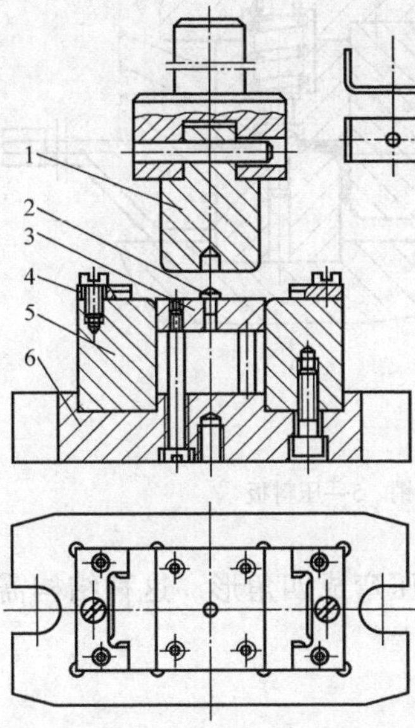

图 3-16 U 形件弯曲模

1—凸模 2—定位销钉 3—反顶板

4—定位板 5—凹模 6—下模座

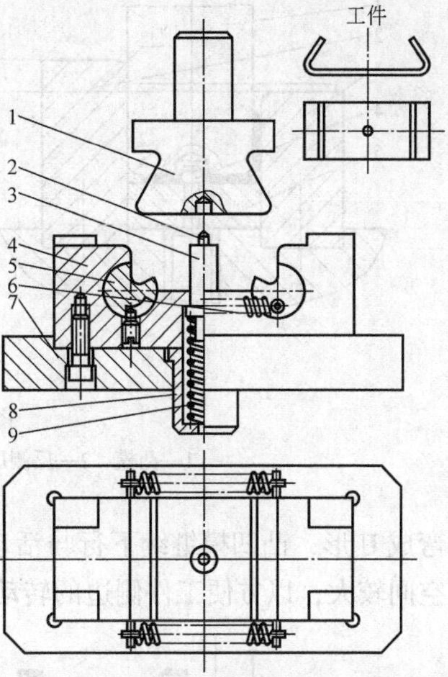

图 3-17 闭角 U 形件弯曲模

1—凸模 2—定位销 3—顶杆 4—凹模

5—凹模镶件 6—拉簧 7—下模座

8—弹簧座 9—弹簧

（2）闭角 U 形件弯曲模 如图 3-17 所示，是弯曲角小于 90°的 U 形弯曲模。压弯时凸模 1 首先将坯料弯曲成 U 形，当凸模继续下压时，两侧转动的凹模镶件 5 使坯料最后压弯成弯曲角小于 90°的 U 形件。凸模上升，拉簧 6 使转动凹模镶件复位，工件则由垂直于图纸方向，从凸模上卸下。

完成闭角形件的弯曲加工，需要凹模产生横向运动，除采用上述结构外，还可采用斜楔滑块机构、滑轮机构、摆板式凹模等。

（三）L 形弯曲模

对于两直边不相等的单角弯曲件，如果采用一般 V 形弯曲模弯曲，两直边的长度不容易保证。如果先弯成 U 形件，再剖分为两件，又要增加一副切断模。这时，可采用图 3-18 所示的 L 形弯曲模，其中，图 a 适于两直边长度相差不大时采用，图 b 适于两直边长度相差较大时采用。由于单边弯曲，弯曲时毛坯容易移位，必须在工件上设置工艺孔，利用定位销 4 进行定位。由于单边弯曲，凸模 1 将伴随有较大侧向力，需设置反侧压块 2，以平衡侧向力，而且

$$h \geqslant 2t + r_1 + r_2$$

式中，t 为板厚，r_1、r_2 可取（2～5）t。

（四）四角形弯曲模

四角形件的高度、弯曲半径及尺寸精度要求不高时，应采取不同的弯曲方法。

（1）两次弯曲复合的四角形件弯曲模 如图 3-19 所示，凸凹模下行，先使坯料通过凹

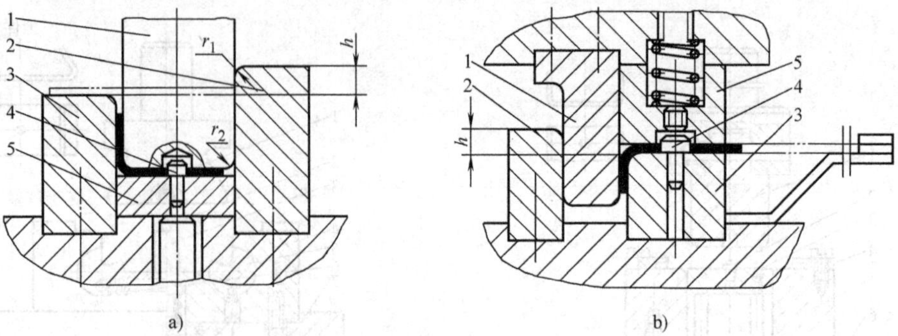

图 3-18　L 形弯曲模

1—凸模　2—反侧压块　3—凹模　4—定位销　5—压料板

模压弯成 U 形，凸凹模继续下行与活动凸模作用，最后压弯成四角形。这种结构需要凹模下腔空间较大，以方便工件侧边的转动。

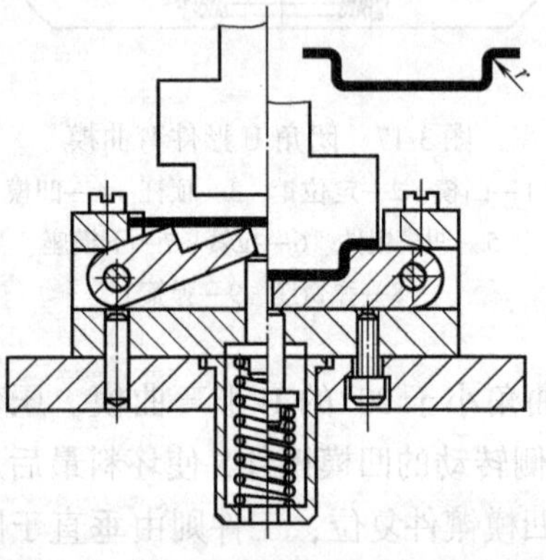

图 3-19　两次弯曲复合的四角形件弯曲模

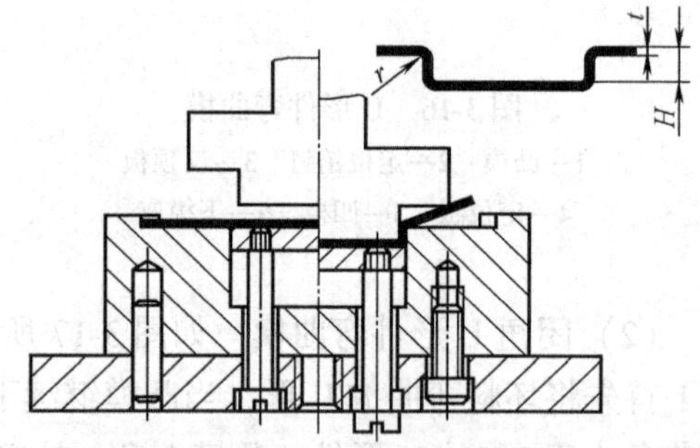

图 3-20　四角形件的一次弯曲模

（2）四角形件的一次弯曲模　如图 3-20 所示，模具采用了阶梯凸模，因此能一次弯成四角形件。但在弯曲过程中，由于直边受到凸模阶梯的阻碍而被连续弯曲，弯曲线不断上移，使弯曲后容易产生较大的回弹，从而使直边不直，上口尺寸偏大。但当工件高度较小时，上述影响不大。若工件尺寸精度要求不高，可以采用这种一次弯成的模具。

（3）四角形件的两次弯曲模　对于高度 $H>$（12～15）t 的四角形件，特别是弯曲半径 r 较小、尺寸精度较高时，一般应分两次弯成。首次采用图 3-21a 所示的模具先弯曲外角，弯成一个 U 形工序件。第二次采用图 3-21b 所示的模具再弯曲内角，完成四角形件的弯曲。

（五）圆筒形件弯曲模

一段通心的圆筒形件应尽量采用标准规格的管材用切断方法获得，不仅质量有保证，而且加工费很低。只有当标准管材的尺寸规格或材质不能满足要求时，才采用板料弯曲成形。

1. 小直径圆筒形件弯曲模具

当圆筒形件的直径小于 10mm、板料厚度小于 1mm 时，可采用如图 3-22 所示的模具结构，分两次弯成。先将毛坯弯成 U 形工序件，如图 a 所示，再将工序件倒扣在弯圆模的下凹

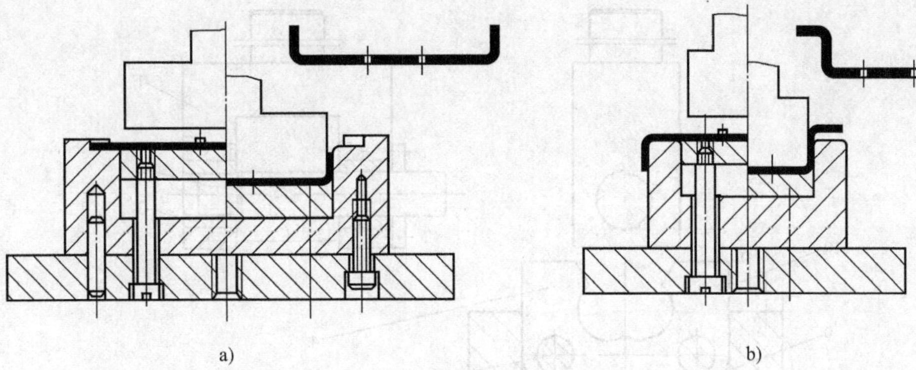

图 3-21 四角形件的两次弯曲模

模上，当上凹模与下凹模闭合时，如图 b 所示，就可将 U 形工序弯成圆筒，由于工件直径较小，因此弯圆时可以不加心轴。如果工件要求接缝处有宽度为 *b* 的开口，可在下凹模中间嵌入一个板条形嵌件，其厚度与开口宽度 *b* 相同，如图 c 所示。考虑到弯曲的回弹影响，U 形工序件的圆弧半径应比圆筒形工件的半径小些，以便在 U 形工序件口部回弹变大的情况下也能放入弯圆模的下凹模内。同时也能防止弯曲后的工件直径不因为回弹而变大。

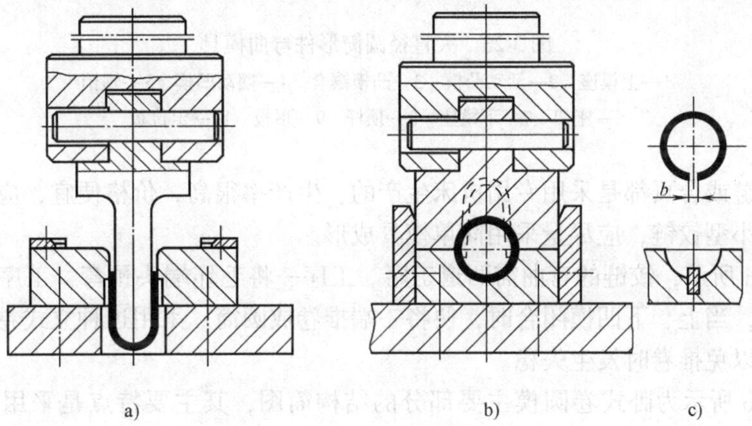

图 3-22 小直径圆筒形件弯曲模具

2. 大直径圆筒形件弯曲模具

图 3-23 所示的模具，由于采用了摆动式凹模 3，可一次弯成圆筒形件。工作时，凸模 2 将毛坯压入凹模内，先弯成 U 形过渡件。凸模继续下行，将迫使摆动凹模绕轴旋转，使 U 形过渡件弯成圆筒。此时工件随凸模离开凹模，开模后将凸模抽出，工件便被退下。摆动凹模闭合时，将顶板 9 压下，通过顶杆 8 使装在下模座中间的通用弹顶器（图中未画出）受压缩。回程时，弹顶器将顶杆顶起，通过顶板使摆动凹模复位。采用这种摆动式凹模的弯曲模，一次可以弯成板料厚度为 1mm 左右、直径为 10mm 以上的圆筒形件，且可取得较好的效果，有较高的生产率。

（六）铰链弯曲模

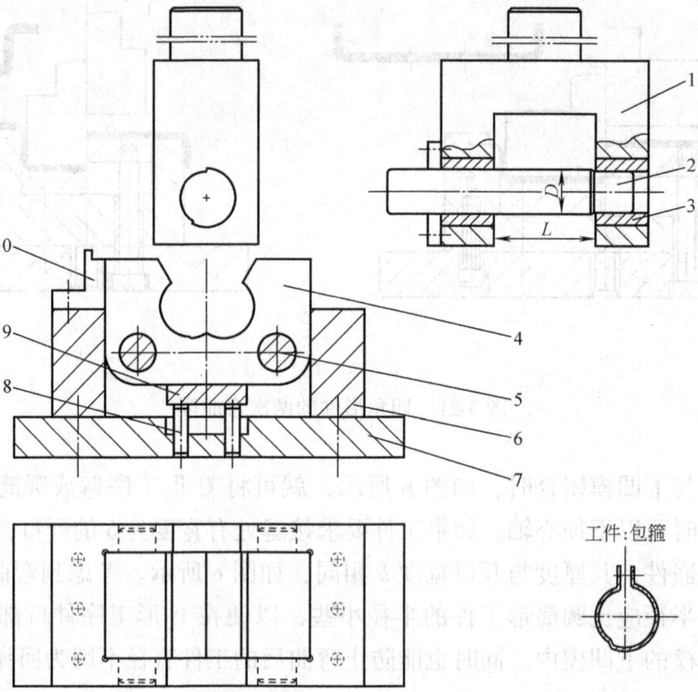

图 3-23 大直径圆筒形件弯曲模具

1—上模座 2—活动凸模 3—凸模镶套 4—摆动凹模 5—轴销

6—座架 7—下模座 8—顶杆 9—顶板 10—定位板

标准的铰链或合页都是采用专用机床生产的，生产率很高，价格便宜，应尽量选用。如果需自制少量小型铰链，应尽量采用简单模具成形。

如图 3-24a 所示，铰链的弯曲需两道工序。工序一将毛坯端头预弯，工序二将预弯件立于卷圆模槽内，当上、下凹模闭合时，便将一端推卷成圆筒。采用这种立式卷圆模，直边高度不宜太高，以免推卷时发生失稳。

如图 3-24b 所示为卧式卷圆模主要部分的结构简图，其主要特点是采用了斜楔滑块机构，可一次完成铰链形件的弯曲加工。工作时，平板毛坯由垫板 6 的台阶定位，并由压板 5 压住，压力由弹簧 4 提供。当上模下行时，斜楔 1 推动滑块 2 向右移动，同时将毛坯左端逐渐卷成圆筒。压板和滑块兼作卷圆凹模，在图中所示的闭合状态，完成卷圆加工。在回程时，滑块由弹簧 3 的压力复位。当斜楔的斜角为 45°时，在合模状态，压板沿垂直方向移动的距离应与滑块的行程相等。卷圆时斜楔将伴随有较大的侧向力，因此，板料厚度一般不宜大于 1mm。

（七）其他形状弯曲件的弯曲模

对于其他形状弯曲件，由于品种繁多，其工序安排和模具设计只能根据弯曲件的形状、尺寸、精度要求、材料的性能以及生产批量等来考虑，不可能有一个统一不变的弯曲方法。

如图 3-25a 所示是带摆动凸模的弯曲模，图 3-25b 所示是带摆动凹模的弯曲模，可供设计模具时参考。

（八）级进弯曲模

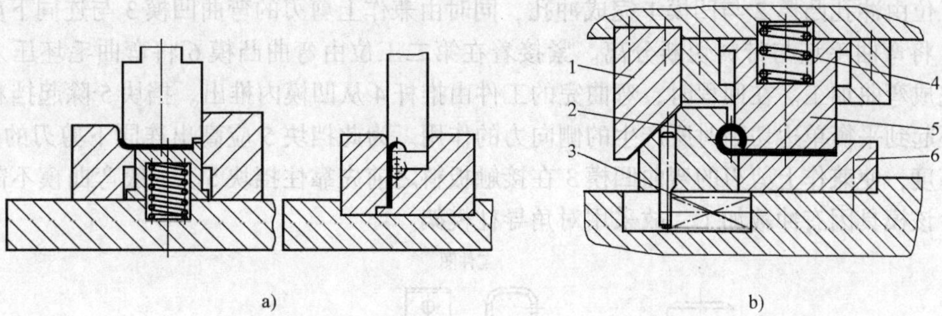

图 3-24　铰链的立式卷圆模与卧式卷圆模

1—斜楔　2—滑块　3、4—弹簧　5—压板　6—垫板

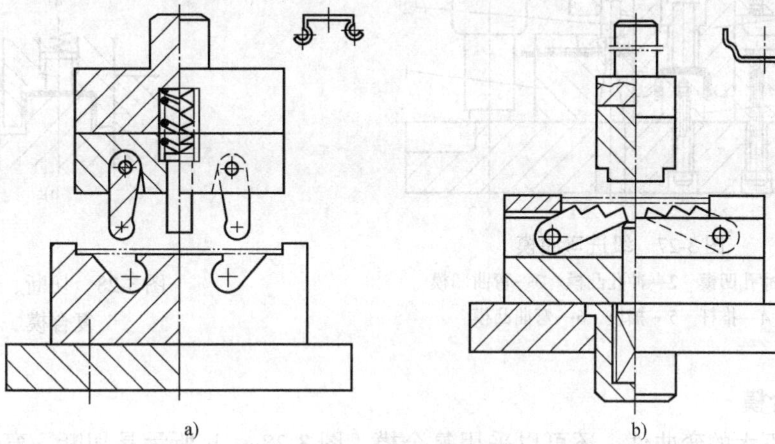

图 3-25　其他形状弯曲件的弯曲模

a）摆动凸模式弯曲模　b）摆动凹模式弯曲模

对于批量大、尺寸较小的弯曲件，如果采用单工序弯曲模加工，很不方便，也很不安全。如果采用级进弯曲模，将全部冲裁和弯曲工序安排在同一副模具上完成，就可以避免上述问题，这也是现代冲裁模具的发展趋势。如图 3-26 所示为冲裁、压弯、切断的多工位连续工艺成形。

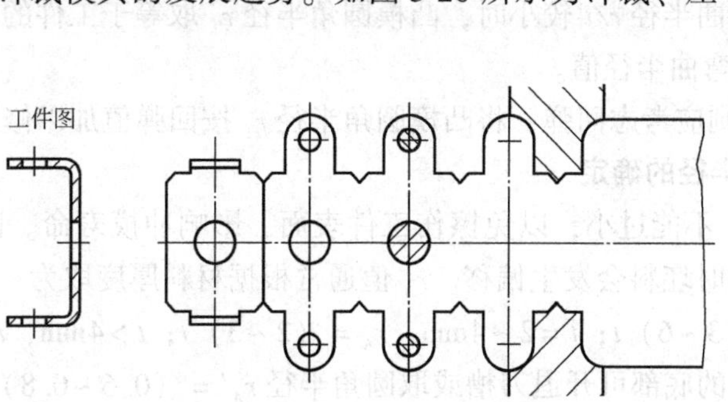

图 3-26　弯曲件的连续工艺成型

如图 3-27 所示为冲孔、切断及弯曲两工位级进模具。工作过程如下：带料送进时，在

第一工位由冲孔凸模 2 与凹模 1 完成冲孔，同时由兼作上剪刃的弯曲凹模 3 与连同下剪刃的凹模 1 将弯曲毛坯与带料切断分离。紧接着在第二工位由弯曲凸模 6 将弯曲毛坯压入凹模内，完成弯曲加工。在回程时，弯曲完的工件由推杆 4 从凹模内推出。挡块 5 除起挡料作用外，还起到平衡单边切断时所产生的侧向力的作用。为此挡块 5 应高出连同下剪刃的凹模 1 足够高度，使兼作上剪刃的弯曲凹模 3 在接触板料之前先靠住挡块 5。一般弯曲模不需使用模架，该模具因有冲裁加工，故采用对角导柱模架。

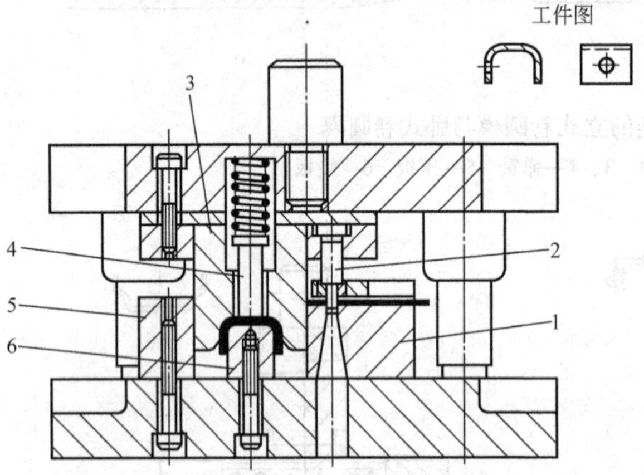

图 3-27　级进弯曲模

1—冲孔凹模　2—冲孔凸模　3—弯曲凹模

4—推杆　5—挡块　6—弯曲凸模

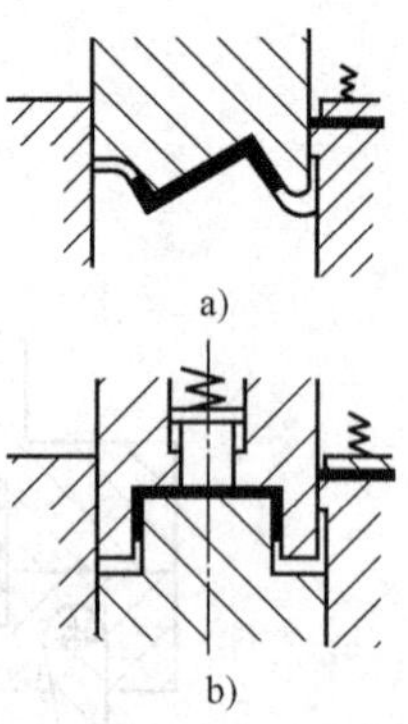

图 3-28　切断、弯曲复合模

（九）复合模

对于尺寸不大的弯曲件，还可以采用复合模，图 3-28a、b 所示是切断、弯曲复合模部分结构简图。

二、弯曲模工作部分尺寸的确定

弯曲模工作部分尺寸如图 3-29 所示。

（一）凸模圆角半径的确定

当工件的相对弯曲半径 r/t 较小时，凸模圆角半径 r_T 取等于工件的弯曲半径，但不应小于表 3-1 所列的最小弯曲半径值。

当 $r/t \geqslant 10$ 时，则应考虑回弹，将凸模圆角半径 r_T 按回弹值加以修正。

（二）凹模圆角半径的确定

凹模圆角半径 r_A 不能过小，以免擦伤工件表面，影响冲模寿命。凹模两边的圆角半径应一致，否则在弯曲时坯料会发生偏移。r_A 值通常根据材料厚度取为

$t \leqslant 2\text{mm}$，$r_A=(3\sim6)t$；$t=2\sim4\text{mm}$，$r_A=(2\sim3)t$；$t>4\text{mm}$，$r_A=2t$

V 形件弯曲凹模的底部可开退刀槽或取圆角半径 $r_A'=(0.6\sim0.8)(r_T+t)$。

（三）凹模深度的确定

凹模深度 l_0 过小，则坯料两端未受压部分太多，工件回弹大且不平直，影响工件质量；凹模深度若过大，则浪费模具钢材料，且需有较大的工作行程的冲床。

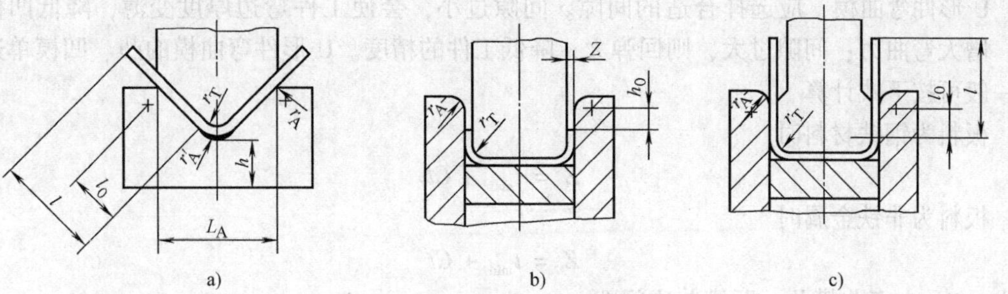

图 3-29　弯曲模工作部分尺寸

V 形件弯曲模：凹模深度 l_0 及底部最小厚度 h 值可查表 3-7。但应保证凹模开口宽度 L_A 之值不能大于弯曲坯料展开长度的 0.8 倍。

表 3-7　V 形件弯曲模凹模深度 l_0 及底部最小厚度 h　（单位：mm）

弯曲件边长 l/mm	材料厚度 t/mm					
	≤2		2 ~ 4		>4	
	h	l_0	h	l_0	h	l_0
10 ~ 25	20	10 ~ 15	22	15	—	—
25 ~ 50	22	15 ~ 20	27	25	32	30
50 ~ 75	27	20 ~ 25	32	30	37	35
75 ~ 100	32	25 ~ 30	37	35	42	40
100 ~ 150	37	30 ~ 35	42	40	47	50

U 形件弯曲模：对于弯边高度不大或要求两边平直的 U 形件，则凹模深度应大于工件的高度，如图 3-29b 所示，图中 h_0 值见表 3-8；对于弯边高度较大，而平直度要求不高的 U 形件，可采用图 3-29c 所示的凹模形式，凹模深度 l_0 值见表 3-9。

表 3-8　U 形件弯曲凹模 h_0 值　（单位：mm）

材料厚度 t/mm	≤1	1 ~ 2	2 ~ 3	3 ~ 4	4 ~ 5	5 ~ 6	6 ~ 7	7 ~ 8
h_0	3	4	5	6	8	10	15	20

表 3-9　U 形件弯曲凹模 l_0 值　（单位：mm）

弯曲件边长 l/mm	材料厚度 t/mm				
	≤1	1 ~ 2	2 ~ 4	4 ~ 6	6 ~ 10
<50	15	20	25	30	35
50 ~ 75	20	25	30	35	40
75 ~ 100	25	30	35	40	50
100 ~ 150	30	35	40	50	50
150 ~ 200	40	45	55	65	65

（四）凸、凹模间隙的确定

V 形件弯曲模的凸、凹模间隙是靠调整压力机的装模高度来控制的，设计时可以不考虑。

U 形件弯曲模，应选择合适的间隙。间隙过小，会使工件弯边厚度变薄，降低凹模寿命，增大弯曲力；间隙过大，则回弹大，降低工件的精度。U 形件弯曲模的凸、凹模单边间隙一般可按下式计算

板料为钢铁材料时

$$Z = t_{max} + Ct$$

板料为非铁金属时

$$Z = t_{min} + Ct$$

式中 Z——弯曲模凸、凹模单边间隙；

t——工件材料厚度；

C——间隙系数，可查表 3-10。

当工件精度要求较高时，其间隙应适当缩小，取 $Z = t$。

表 3-10 U 形件弯曲模的凸、凹模间隙系数 C

弯曲件高度 H/mm	弯曲件宽度 B≤2H				弯曲件宽度 B>2H				
	材料厚度 t/mm								
	<0.5	0.6~2	2.1~4	4.1~5	<0.5	0.6~2	2.1~4	4.1~7.5	7.6~12
10	0.05	0.05	0.04	—	0.10	0.10	0.08	—	—
20	0.05	0.05	0.04	0.03	0.10	0.10	0.08	0.06	0.06
35	0.07	0.05	0.04	0.03	0.15	0.10	0.08	0.06	0.06
50	0.10	0.07	0.05	0.04	0.20	0.15	0.10	0.06	0.06
70	0.10	0.07	0.05	0.05	0.20	0.15	0.10	0.10	0.08
100	—	0.07	0.05	0.05	—	0.15	0.10	0.10	0.08

（五）U 形件弯曲凸、凹模横向尺寸及公差的确定

决定 U 形件弯曲凸、凹模横向尺寸及公差的原则是：工件标注外形尺寸时，如图 3-30a、b 所示，应以凹模为基准件，间隙取在凸模上；工件标注内形尺寸时，如图 3-30c、d 所示，应以凸模为基准件，间隙取在凹模上。而凸、凹模的尺寸和公差则应根据工件的尺寸、公差、回弹情况以及模具磨损规律而定。图中 Δ' 为弯曲件横向的尺寸偏差。

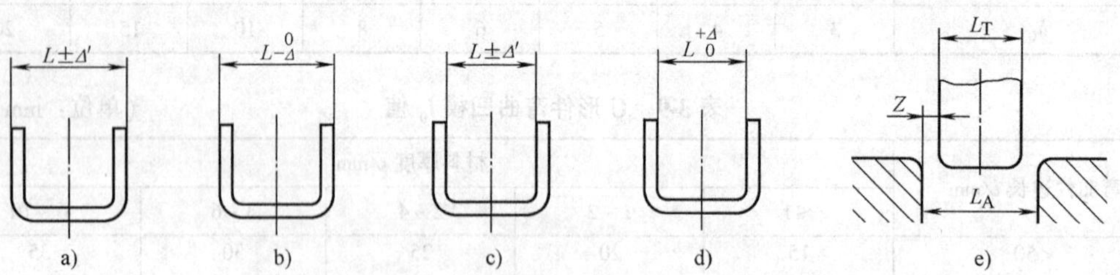

图 3-30 尺寸标注在内形、外形上的弯曲件及模具尺寸

1. 尺寸标注在外形上的弯曲件

凹模尺寸为 $L_A = (L_{max} - 0.75\Delta)^{+\delta_A}_{0}$

凸模尺寸为 $L_T = (L_A - 2Z)^{0}_{-\delta_T}$

2. 尺寸标注在内形上的弯曲件

凸模尺寸为　　$L_T = (L_{min} + 0.75\Delta)_{-\delta_T}^{\ 0}$

凹模尺寸为　　$L_A = (L_T + 2Z)_{\ 0}^{+\delta_A}$

式中　L_T、L_A——凸、凹模横向尺寸；

L_{max}——弯曲件横向的最大极限尺寸；

L_{min}——弯曲件横向的最小极限尺寸；

Δ——弯曲件横向的尺寸公差，对称偏差时 $\Delta = 2\Delta'$；

δ_T、δ_A——凸、凹模的制造公差，一般取凸模的精度比凹模精度高一级。

第四章　拉　深

拉深是利用拉深模将平板毛坯制成开口空心件的冲压工序。经拉深成形可得到筒形、阶梯形、盒形、球形、锥形及其他复杂形状的各类工件。由于几何形状不同，因而变形区的位置、变形的性质、坯料各部分的应力、应变状态都有相当大的差别。拉深件的分类见表4-1。

表4-1　拉深件的分类

拉深件名称		拉深件简图		
直壁类拉深件	轴对称工件	圆筒形件	带凸缘圆筒形件	阶梯形件
		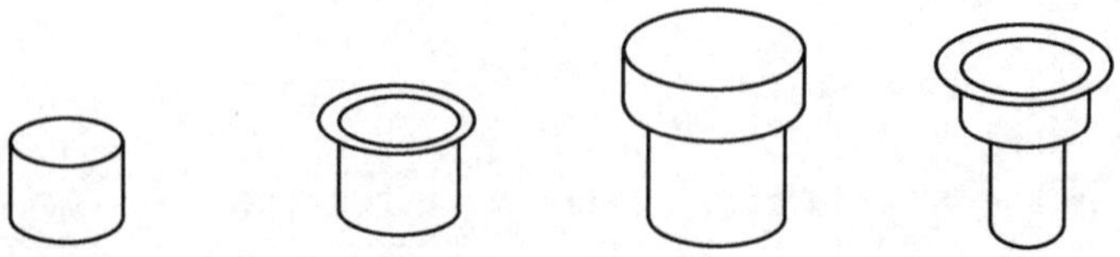		
	非轴对称工件	盒形件	带凸缘盒形件	其他形状件
		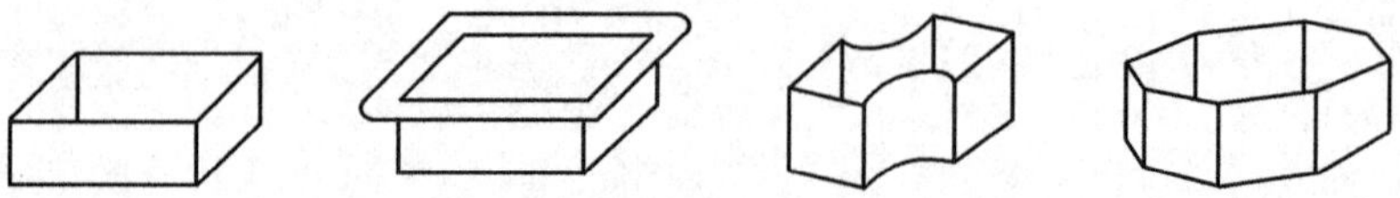		
		曲面凸缘件		
		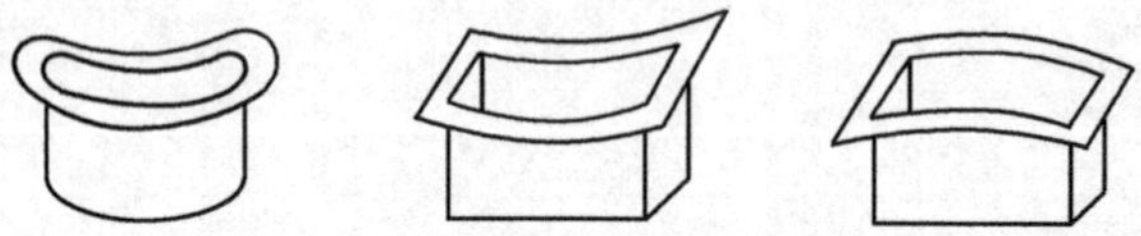		
曲面类拉深件	轴对称工件	球面类工件	锥形件	其他曲面工件
		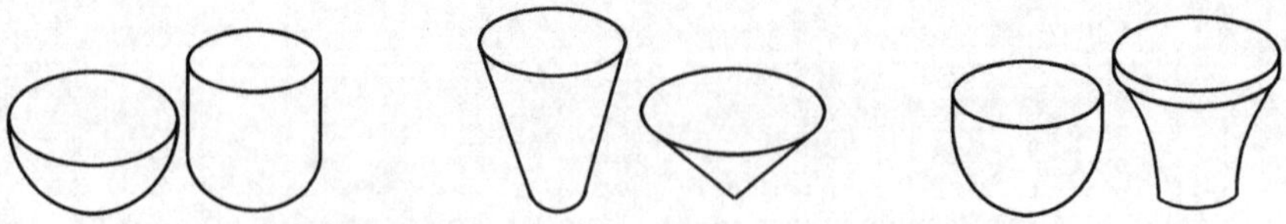		
	非轴对称工件	平面凸缘工件	曲面凸缘工件	
		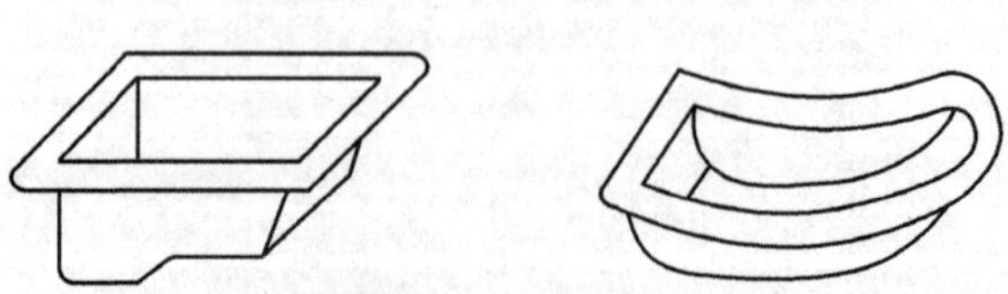		

第一节 圆筒形件拉深变形分析

一、拉深变形过程及特点

如图 4-1 所示，将圆形毛坯置于凹模上，随凸模的下行，在拉深力的作用下，凹模口以外毛坯的环形部分逐渐被拉入凹模内，最终形成一个圆筒形件。图 **4-1a**、**b** 分别表示无压边和有压边的拉深过程。

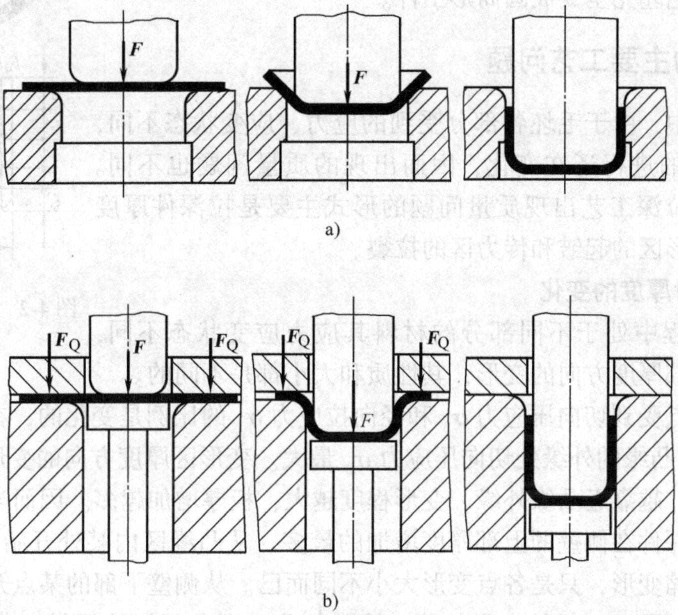

图 4-1 拉深变形过程

为了了解变形时金属流动情况，而进行坐标网格试验。通过拉深时网格的变化来了解金属流动情况，如图 4-2 所示。将直径为 D 的圆形毛坯拉深成直径为 d 的圆筒形工件，拉深前先在平板毛坯上画一些间距都为 a 的同心圆和分度相等的辐射线，形成一些小的扇形网格，拉深后小于 d 部分的坯料变成工件的底，D 和 d 之间的环形部分成了筒体部分。筒底部分网格基本上没有变化，而环形部分即侧壁上的网格变化很大，同心圆变成了圆筒侧壁上互相平行、直径相同的圆，而且间距 a 也变大了。越靠近筒的上部越大，即

$$a_1 > a_2 > a_3 \cdots > a$$

辐射线在工件侧壁变成了相互平行且垂直于底部的直线，且间距相等，即

$$b_1 = b_2 = b_3 = \cdots = b$$

测量工件高度，则 $h > \dfrac{D-d}{2}$。

网格的上述变化说明，圆筒形件拉深时底部变形小，而处于凹模平面上的环形部分变形大，变形区主要集中在凸缘区，即 D 与 d 之间的环形部分。

工件高度大于$\frac{D-d}{2}$，说明拉深时有一部分金属向上流到口部去增加了工件的高度。

拉深后扇形网格变成了矩形网格，是由于坯料在模具作用下，金属内部产生内应力，在径向拉应力和切向压应力作用下，径向伸长，切向缩短，结果形状由扇形变成矩形。

归纳起来，拉深变形过程为：在拉深过程中，由于模具的作用，坯料凸缘区的金属内部产生内应力，在径向拉应力和切向压应力作用下，径向伸长，切向缩短，并不断地被拉入凹模中形成筒壁，直到平板毛坯完全变成圆筒形工件。

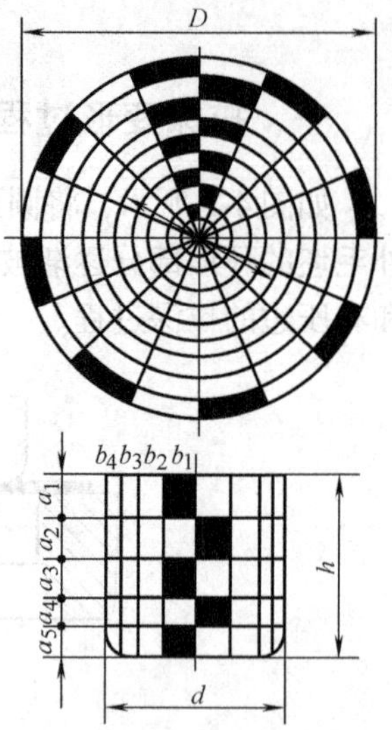

图 4-2　拉深坐标网格试验

二、拉深的主要工艺问题

在拉深过程中，由于毛坯各部分受到的应力、应变状态不同，且随着拉深过程的进行还在变化，因而出现的质量问题也不同。在实际生产中，拉深工艺出现质量问题的形式主要是拉深件厚度的变化、凸缘变形区的起皱和传力区的拉裂。

（一）拉深时厚度的变化

由于拉深过程中处于不同部分的材料其应力应变状态不同，从工件底部到口部厚度方向的变形，其性质和大小都是不同的。

变形区内各点受到切向压应力 σ_3 和径向拉应力 σ_1 的比例是变化的，在凹模口部径向拉应力 σ_1 最大，在凸缘的外缘处切向压应力 σ_3 最大。变形区厚度方向的变形决定于 σ_1 和 σ_3 之间的比例关系，越靠近凸缘外缘，变形程度越大，板厚增加越多。因而当凸缘部分全部转化为侧壁时，拉深件在侧壁的上部厚度增加的最多。从凸缘区内某处开始一直到工件底部，厚度方向都是压缩变形，只是各点变形大小不同而已。从侧壁下部的某点开始，工件的厚度开始变薄，越接近圆角，工件变得越薄，筒壁与凸模圆角相切处板料变薄最严重，所以这里是拉深时最容易被拉断的地方，通常称此断面为危险断面。拉深件厚度变化如图 4-3 所示。

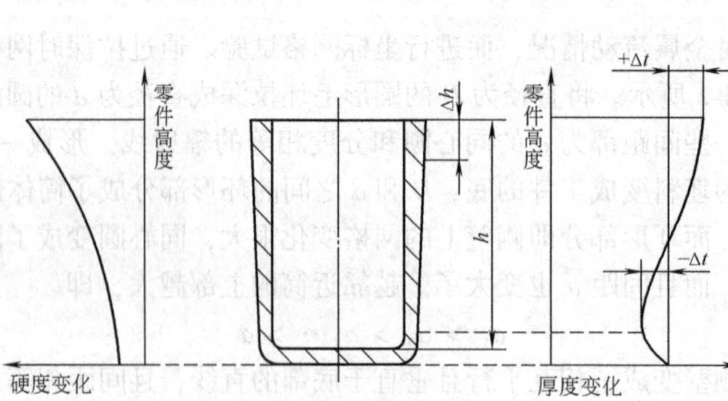

图 4-3　拉深件的壁厚和硬度的变化

（二）起皱

拉深时凸缘区板料出现波纹状皱折称为起皱，如图 4-4 所示。起皱是一种受压失稳现象。拉深时，板料相对厚度 t/D 越小，越容易起皱。

通常起皱首先从凸缘外边缘产生，因为凸缘外边缘处的切向压应力绝对值最大。出现轻微起皱时，凸缘区板料仍有可能全部拉入凹模内。但起皱部位的波峰在凸模与凹模之间受到强烈挤压，在拉深件侧壁靠上部位将会出现条状的挤光痕迹和明显的波纹，影响工件的外观质量与尺寸精度，如图 4-4a 所示。起皱严重时，拉深便无法顺利进行。起皱部位相当于板厚增加了许多，使其进入凸模与凹模之间时不能顺利通过，并使径向拉应力急剧增大，继续拉深，会在危险断面被拉破，如图 4-4b 所示。

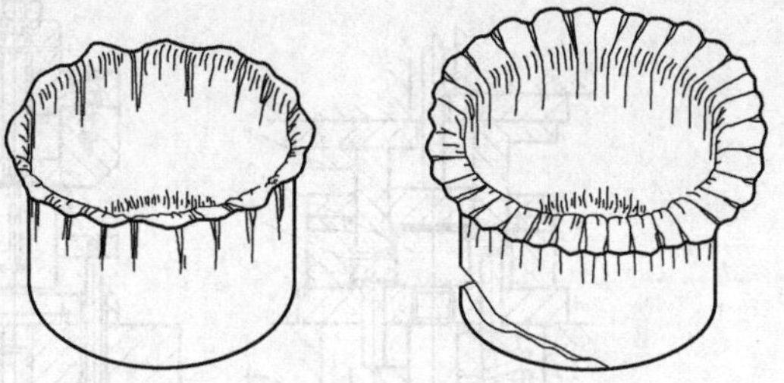

a)　　　　　b)

图 4-4　拉深件的起皱

（三）拉破

在拉深过程中，当筒壁处最大拉应力超过了危险断面处材料的抗拉强度时，将在危险断面处产生拉破，如图 4-5 所示。拉深过程中一旦出现拉破，拉深件就成为废品。由于最大拉应力一般出现在板料包满凸模圆角和凹模圆角时，因此上述拉破现象也往往出现在这一时刻。在变形程度较大时，即便是取较大的拉深系数进行拉深，也容易出现上述拉破现象。

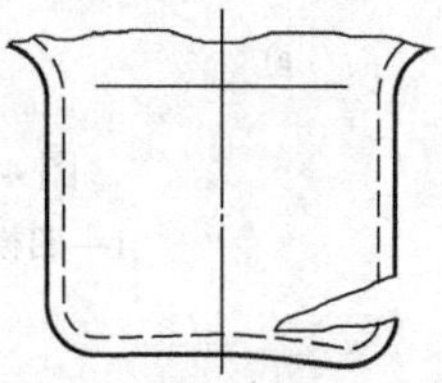

图 4-5　拉深件的拉破

有时，在严重起皱状态下继续拉深，可能在凸缘根部也被拉破。在凹模圆角半径 r_d 值过小时进行拉深，更容易出现这种拉破现象。

三、解决拉深主要工艺问题的方法

（一）有效压料

压边防止起皱的实质是在板料刚出现弯曲时又由压边圈压平了。在单动压力机上进行拉深加工时，必须借助压边装置中的弹性元件，使工件在受压时提供压边力。弹性元件可以是橡胶块、弹簧或气压装置。压边装置的类型如图 4-6 所示。

弹性压边装置所提供的压边力 F_Y 随行程 h 变化的情况如图 4-7 所示。气垫压力可认为基本不变，而橡胶垫压力随行程的增加将迅速增大，弹簧垫次之。橡胶垫与弹簧垫压力的变化规律，与拉深过程对压边力的需要的变化规律正相反。理想的压边力变化规律应当是拉深初期较大，随行程的增加而不断减小。比较而言，气垫的压边好，调整压边力也很方便，且可保证工艺稳定性；而橡胶垫或弹簧垫在拉深后期提供了过大的压边力，在拉深薄板件时，如果变形程度较大，很容易在拉深后期拉破；弹簧垫的可调性与安全性都远不如橡胶垫，因而较少应用。

为克服采用橡胶垫或弹簧垫压边时在拉深后期由于压边力过大所带来的不利影响，可以在压边圈与凹模之间用限位柱控制两者之间的间隙，如图 4-8 所示。其中，图 a 用于首次拉深，图 b 用于再次拉深。再拉深时允许变形程度较小，采用限位柱更有必要。

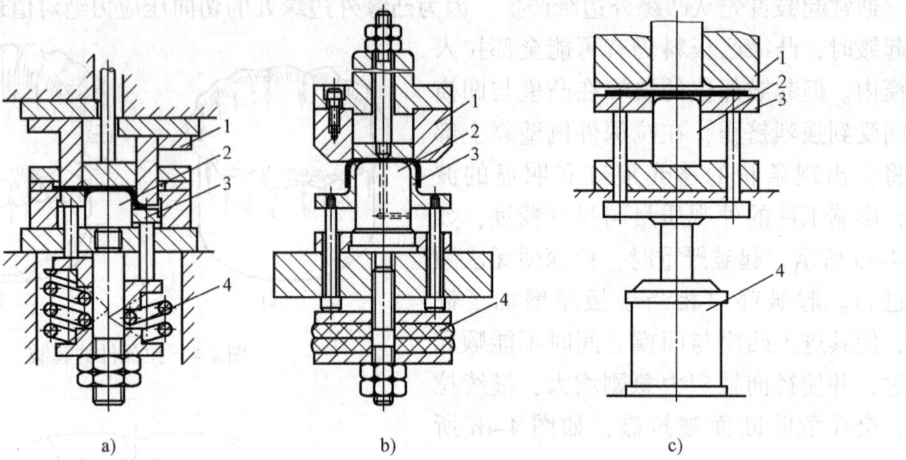

图 4-6　带弹性压边装置的拉深模具

1—凹模　2—凸模　3—压边圈　4—弹性元件

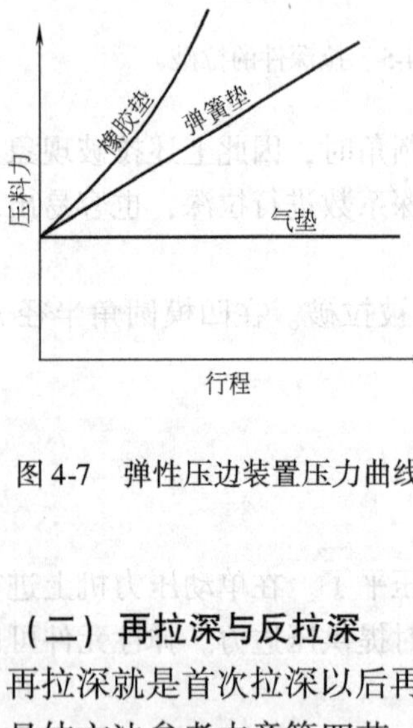

图 4-7　弹性压边装置压力曲线

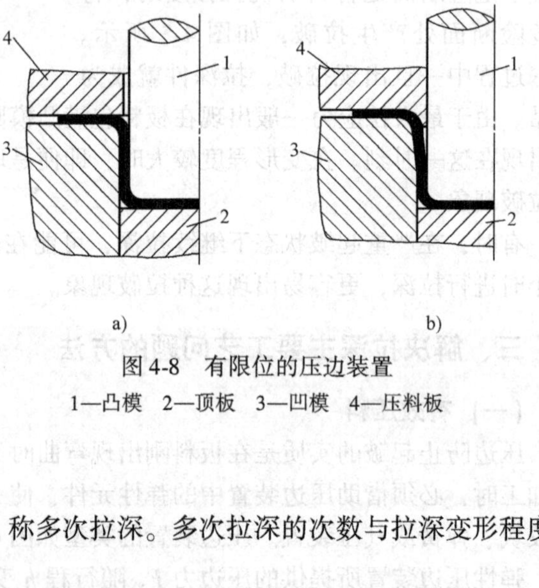

图 4-8　有限位的压边装置

1—凸模　2—顶板　3—凹模　4—压料板

（二）再拉深与反拉深

再拉深就是首次拉深以后再进行拉深，称多次拉深。多次拉深的次数与拉深变形程度有关，具体方法参考本章第四节。

反拉深的工艺过程如图 4-9 所示。

反拉深是将前次拉成的圆筒形工序件倒扣在凹模上，凸模从工序件底部进行反向拉深的一种方法。当凸模进入凹模时，工序件的表面将发生翻转，外表面转为内表面，内表面转为外表面。

反拉深的特点：

1）反拉深时，变形集中在 r_d 区，主要变形仍是切向压缩变形，其应力应变状态也与正拉深时基本相同。但反拉深时板料与 r_d 区包角为 180°，而正拉深时一般为 90°。变形材料流经 r_d 区所受的摩擦阻力比正拉深时大，因此径向拉应力也比正拉深时大，塑性变形所需的切向压应力值可相应减小，因此反拉深不易起皱，常可不用压边。当料厚 $t<0.5$mm 时必须压边。

2）正拉深后再反拉深时，材料流经 r_d 区时受到两次反复折弯，而反拉深时材料所受到的折弯要减少一半。因此反拉深时材料硬化程度要比正拉深时低些。

3）反拉深允许变形程度可大些，即拉深系数 m_t 可小些。必要时可取 $m_t = (0.85 \sim 0.9)\ m_2$，$m_2$ 为第二次正拉深系数。

4）在正拉深时，拉深系数越大，拉深越容易。而反拉深时，拉深系数却不能太大。因为反拉深系数 m_t 直接影响凹模壁厚，m_t 越大，凹模壁厚将越小。因此受凹模强度限制，m_t 不能太大。作为特例，在板料塑性较好且板厚较薄时，不用凹模，以工序件侧壁进行支撑。用反拉深法制造双层侧壁工件，则不受上述限制。

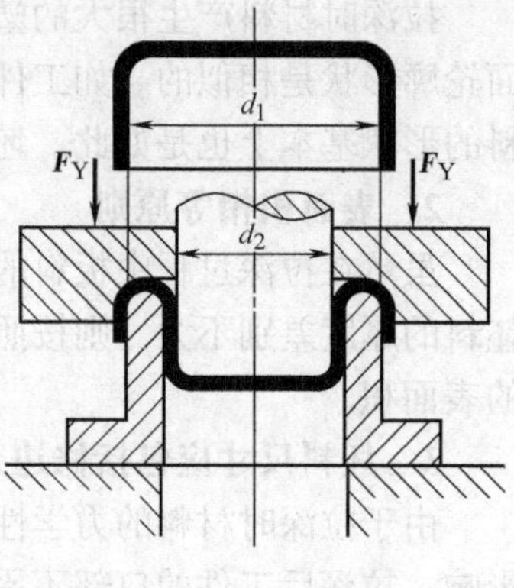

图 4-9 反拉深工艺

（三）辅助工序

为了保证拉深工艺过程的顺利进行，解决拉深工艺问题，提高拉深工件的尺寸精度和表面质量，提高模具的使用寿命，需要安排一些必要的辅助工序，如坯料或工序件的热处理、酸洗和润滑等。

1. 润滑

在拉深成形中，需要摩擦力小的部位，如凹模圆角区域必须润滑，模具表面粗糙度值应该小，以降低摩擦系数，减小拉应力，提高极限变形程度；而摩擦力不必过小的部位，如凸模圆角区域可以不润滑，模具表面粗糙度值不宜很小，对于其他成形工序也存在这种情况。

浅拉深时润滑一般用锭子油即可；在深拉深时，菜油、工业猪油都是较好的润滑剂；拉深低碳钢时，可自行配制润滑剂（将钾肥皂溶在温度 60～70℃的水里）。其他拉深用润滑剂配制方法可查有关手册。

2. 热处理

对于拉深等成形工序，金属材料产生较大的加工硬化，致使继续变形困难，甚至不可能。为了后续成形工序的顺利进行，或消除工件的内应力，必要时应对中间工序件进行热处理或最后消除应力的热处理。

3. 酸洗

由于冷冲压过程进行热处理的对象是工序件或工件，而且多为板料工件，如果安排了热处理工序，就必须进行酸洗等消除氧化物或其他污物的工作，最后还要清洗。因此，应尽量避免或减少热处理工序。

清洗的方法一般是将冲件置于加热的稀酸液中浸蚀，接着在冷水中漂洗，然后在弱碱溶液中将残留于冲件上的酸中和，最后在热水中洗涤并经烘干即可。

第二节 拉深件坯料尺寸的计算

一、坯料形状和尺寸确定的原则

1. 截面形状相似原则

拉深时材料产生很大的塑性流动，但实践证明，拉深所需要的坯料形状一般与工件横截面轮廓形状是相似的。如工件的横截面轮廓是圆的、方的、矩形的、椭圆形的，则拉深前坯料的形状基本上也是如此。坯料的周边应光滑过渡，无急剧的转折。

2. 表面积相等原则

虽然在拉深过程中板料的厚度有增厚，也有减薄，但实践证明，拉深件的平均厚度与原坯料的厚度差别不大，则按照拉深前后材料的体积不变，可以认为坯料的表面积等于拉深件的表面积。

3. 坯料尺寸应包括修边余量

由于拉深时材料的力学性能有方向性、模具的间隙不均匀以及毛坯定位不准确等因素的影响，拉深后工件的口部不平齐，尤其是深拉深件，甚至出现“突耳”现象。为使工件整齐，应在拉深后进行切边。因而计算坯料尺寸时，应将修边部位增加一定的修边余量。修边余量可参考表 4-2 和表 4-3。

表 4-2　无凸缘圆筒形拉深件的修边余量 Δh　　（单位：mm）

工件高度 h/mm	工件的相对高度 h/d				附图
	>0.5~0.8	>0.8~1.6	>1.6~2.5	>2.5~4	
≤10	1.0	1.2	1.5	2	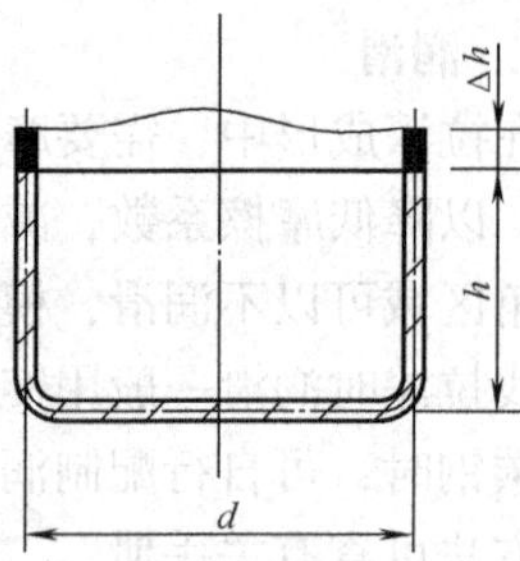
>10~20	1.2	1.6	2	2.5	
>20~50	2	2.5	3.3	4	
>50~100	3	3.8	5	6	
>100~150	4	5	6.5	8	
>150~200	5	6.3	8	10	
>200~250	6	7.5	9	11	
>250	7	8.5	10	12	

表 4-3　有凸缘圆筒形拉深件的修边余量 ΔR　　（单位：mm）

凸缘直径 d_t/mm	凸缘的相对直径 d_t/d				附图
	1.5 以下	>1.5~2	>2~2.5	>2.5~3	
≤25	1.6	1.4	1.2	1.0	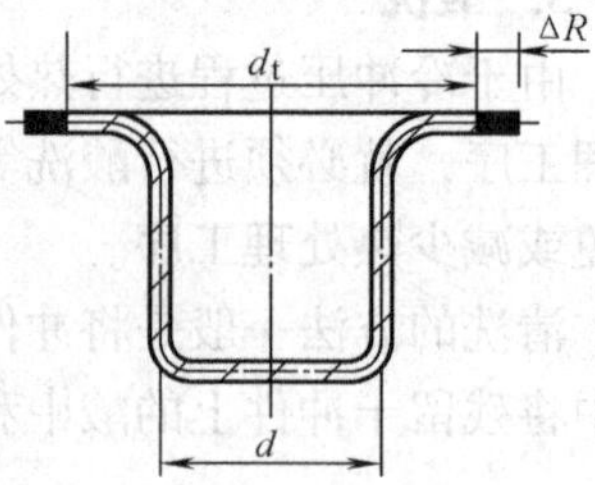
>20~50	2.5	2.0	1.8	1.6	
>50~100	3.5	3.0	2.5	2.2	
>100~150	4.3	3.6	3.0	2.5	
>150~200	5.0	4.2	3.5	2.7	
>200~250	5.5	4.6	3.8	2.8	
>250	6	5	4	3	

二、简单旋转体拉深件坯料尺寸的确定

这类拉深件坯料的截面形状是圆的，首先将其划分为若干个简单的便于计算的几何体，并分别求出各个表面积，相加后即为工件总面积，然后根据面积相等原则，求出坯料直径。

在计算中，工件尺寸均按厚度中线计算，但当板料厚度小于 1mm 时，也可以按外形或内形尺寸计算。常用旋转体工件坯料直径计算公式见表 4-4。

表 4-4 常用旋转体拉深件坯料直径的计算公式

序号	零件形状	坯料直径 D
1	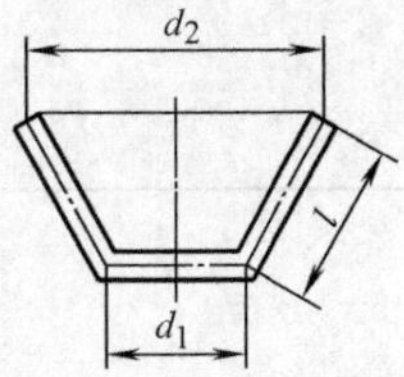	$\sqrt{d_1^2+2l\ (d_1+d_2)}$
2	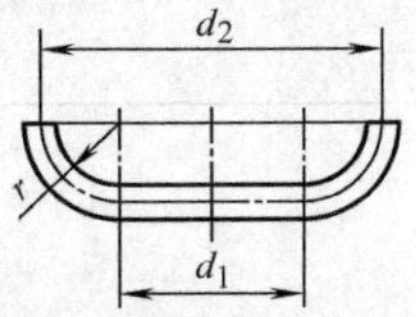	$\sqrt{d_1^2+2r\ (\pi d_1+4r)}$
3	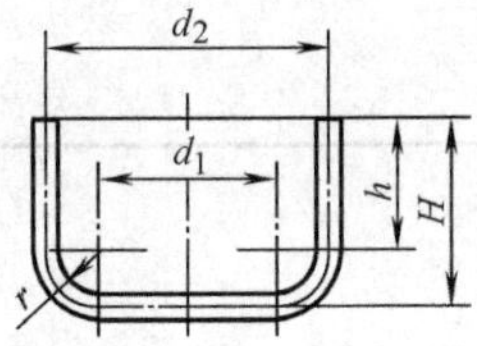	$\sqrt{d_1^2+4d_2h+6.28rd_1+8r^2}$ 或 $\sqrt{d_2^2+4d_2H-1.72rd_2-0.56r^2}$
4	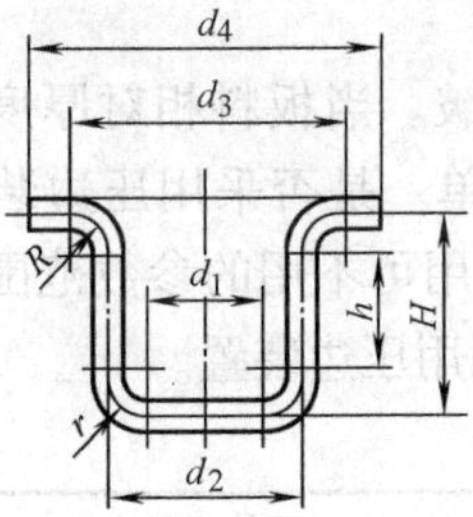	当 $r \neq R$ 时 $\sqrt{d_1^2+4d_2h+6.28rd_1+8r^2+6.28Rd_2+4.56R^2+d_4^2-d_3^2}$ 当 $r=R$ 时 $\sqrt{d_4^2+4d_2H-3.44rd_2}$
5	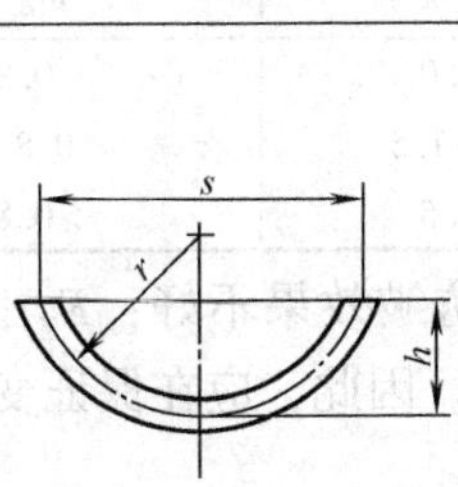	$\sqrt{8rh}$ 或 $\sqrt{s^2+4h^2}$

（续）

序号	零件形状	坯料直径 D
6	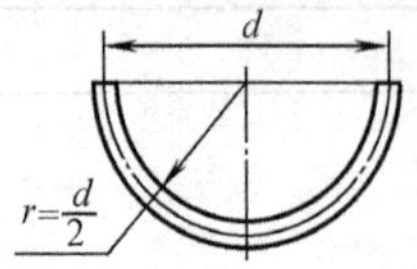	$\sqrt{2d^2}$
7	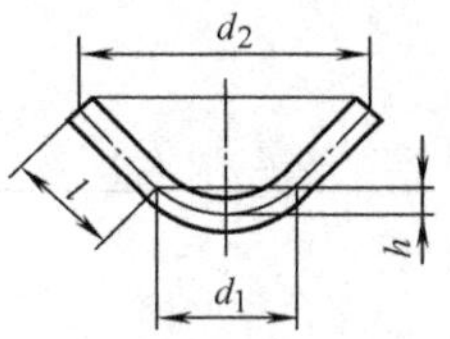	$\sqrt{d_1^2+4h_2+2l\ (d_1+d_2)}$
8	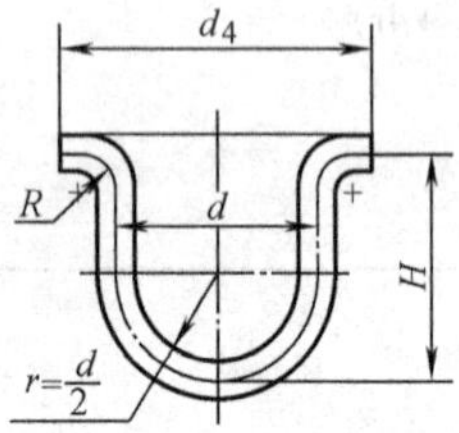	$\sqrt{8r^2+4dH-4dr-1.72dR+0.56R^2+d_4^2-d^2}$

第三节　压边力与拉深力

一、压边力的确定

采用压边装置的目的是为防止变形区板料在拉深过程中起皱。当板料相对厚度 t/D 较大，变形程度较小时，可不采用压边装置，以便使模具结构简单。是否采用压边装置的条件，见表 4-5。如果工件的相对料厚 t/D 和拉深系数 m 在表中可用可不用的参数范围内，可依据板料的成形性能、模具参数等工艺条件的优劣来决定是否采用压边装置。

表 4-5　是否采用压边装置的条件

用或不用压边装置	首次拉深		再拉深	
	t/D（%）	m_1	t/D（%）	m_n
用	<1.5	<0.6	<1.0	<0.8
可用可不用	1.5～2.0	0.6	1.0～1.5	0.8
不用	>2.0	>0.6	>1.5	>0.8

当采用压边装置时，压边力 F_Y 值应适当，F_Y 值太小，则防皱效果不好；F_Y 值太大，则会增大传力区危险断面的拉应力，从而引起严重变薄甚至拉裂。因此，应在保证变形区不起皱的前提下，尽量选用小的压边力。

在模具设计时，压边力可按下式计算

$$F_Y = Ap$$

式中 A——压边圈下坯料的投影面积（mm^2）；

p——单位面积压边力（MPa），p 值可查表 4-6。

表 4-6 单位面积压边力 （单位：MPa）

材料名称	铝	纯铜、硬铝	黄铜	软钢 $t<0.5$	软钢 $t>0.5$	镀锡钢板	高合金钢、高锰钢、不锈钢
p/MPa	0.8~1.2	1.2~1.8	1.5~2.0	2.5~3.0	2.0~2.5	2.5~3.0	3.0~4.5

二、拉深力的计算

在生产中常用以下经验公式进行拉深力计算：

采用压边圈拉深时，

首次拉深 $F=\pi d_1 t\sigma_b K_1$

以后各次拉深 $F=\pi d_i t\sigma_b K_2 \quad (i=2、3、\cdots、n)$

不采用压边圈拉深时，

首次拉深 $F=1.25\pi(D-d_1)t\sigma_b$

以后各次拉深 $F=1.3\pi(d_{i-1}-d_i)t\sigma_b \quad (i=2、3、\cdots、n)$

式中 F——拉深力(N)；

t——板料厚度(mm)；

D——坯料直径(mm)；

σ_b——拉深件材料的抗拉强度(MPa)；

d_1、…、d_n——各次拉深后的工序件直径(mm)；

K_1、K_2——修正系数，其值见表 4-7。

表 4-7 修正系数 K_1、K_2 之值

m_1	0.55	0.57	0.60	0.62	0.65	0.67	0.70	0.72	0.75	0.77	0.80	—	—	—
K_1	1.0	0.93	0.86	0.79	0.72	0.66	0.60	0.55	0.50	0.45	0.40	—	—	—
$m_2\cdots m_n$	—	—	—	—	—	—	0.70	0.72	0.75	0.77	0.80	0.85	0.90	0.95
K_2	—	—	—	—	—	—	1.0	0.95	0.90	0.85	0.80	0.70	0.60	0.50

三、压力机公称压力的确定

对于单动压力机，其公称压力应大于工艺总压力。工艺总压力为

$$F_Z = F + F_Y$$

式中 F——拉深力；

F_Y——压边力。

在实际生产中可以按下式来确定压力机的公称压力：

浅拉深 $F_G=(1.6\sim1.8)F_Z$

深拉深 $F_G=(1.8\sim2.0)F_Z$

式中 F_G——压力机公称压力。

第四节　无凸缘圆筒形件的拉深

进行拉深工艺设计时，拉深件的工艺计算是一个重要的环节，其中无凸缘圆筒形件的拉深是最简单的，主要内容包括计算坯料直径、决定拉深次数、确定各次拉深工序件的尺寸等。在工艺计算中，通常用拉深系数作为计算的依据。

一、拉深系数

1. 拉深系数

拉深系数是指拉深后工件的直径与拉深前坯料（工序件）直径之比。如图4-10所示是用直径为 D 的坯料拉深成直径为 d_n、高度为 h_n 的工件的工艺顺序。第一次拉深成 d_1 和 h_1，第二次拉深成 d_2 和 h_2，最后一次即得工件的尺寸 d_n 和 h_n。其各次的拉深系数为：

第一次拉深系数　　$m_1 = \frac{d_1}{D}$

第二次拉深系数　　$m_2 = \frac{d_2}{d_1}$

第三次拉深系数　　$m_3 = \frac{d_3}{d_2}$

中间各次拉深系数　　…

第 n 次拉深系数　　$m_n = \frac{d_{n-1}}{d_n}$

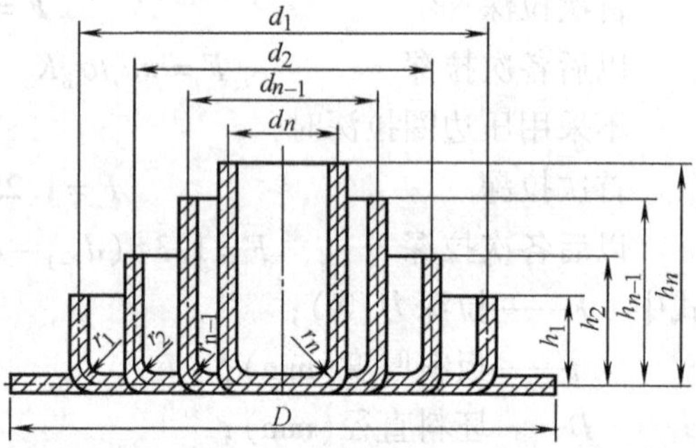

图4-10　圆筒形件的多次拉深

从以上各式可以看出，拉深系数表示了拉深前后坯料直径的变化率，其数值永远小于1。拉深系数大，表示拉深前后坯料直径变化不大，即变形程度小；拉深系数小，则坯料直径变化大，即变形程度大。

拉深件的总拉深系数为

$$m_Z = \frac{d_n}{D} = \frac{d_1}{D} \cdot \frac{d_2}{d_1} \cdots \frac{d_{n-1}}{d_n} = m_1 \cdot m_2 \cdots m_n$$

式中　D——包括修边余量在内的毛坯直径；

d_n——工件中径。

如果 $m_Z \geqslant m_1$（m_1 为首次拉深允许的拉深系数），则该工件可以一次拉成。如果 $m_Z < m_1$，则需多次拉成。

2. 极限拉深系数

在实际生产中，应合理地采用拉深系数。再拉深工序中，若采用的拉深系数过大，则拉深变形程度小，材料的塑性潜力未被充分利用，拉深次数就要增加，冲模套数增加，成本增高，很不经济。但是，若拉深系数取得过小，则变形程度过大，造成工件局部严重变薄甚至被拉破。生产中为了减少拉深次数，一般希望采用小的拉深系数；为了保证拉深工艺的顺利进行，还必须使拉深系数大于一定值，这个数值就是在一定条件下的极限拉深系数。极限拉深系数就是使拉深件不破裂的最小拉深系数。

极限拉深系数的数值与材料的力学性能、毛坯的相对厚度 t/D、凸凹模间隙及其圆角半径、摩擦与润滑等有关，影响极限拉深系数的因素还有拉深方法、拉深次数、拉深速度、拉深件的形状等。

在实际生产中，极限拉深系数值一般是在一定的拉深条件下用实验方法得出的，见表4-8和表4-9。

表4-8 圆筒形件采用压边装置时的极限拉深系数

拉深系数	坯料相对厚度（t/D）×100					
	2.0~1.5	1.5~1.0	1.0~0.6	0.6~0.3	0.3~0.15	0.15~0.08
m_1	0.48~0.50	0.50~0.53	0.53~0.55	0.55~0.58	0.58~0.60	0.60~0.63
m_2	0.73~0.75	0.75~0.76	0.76~0.78	0.78~0.79	0.79~0.80	0.80~0.82
m_3	0.76~0.78	0.78~0.79	0.79~0.80	0.80~0.81	0.81~0.82	0.82~0.84
m_4	0.78~0.80	0.80~0.81	0.81~0.82	0.82~0.83	0.83~0.85	0.85~0.86
m_5	0.80~0.82	0.82~0.84	0.84~0.85	0.85~0.86	0.86~0.87	0.87~0.88

表4-9 圆筒形件不采用压边装置时的极限拉深系数

拉深系数	坯料相对厚度（t/D）×100				
	1.5	2.0	2.5	3.0	>3.0
m_1	0.65	0.60	0.55	0.53	0.50
m_2	0.80	0.75	0.75	0.75	0.70
m_3	0.84	0.80	0.80	0.80	0.75
m_4	0.87	0.84	0.84	0.84	0.78
m_5	0.90	0.87	0.87	0.87	0.82
m_6	—	0.90	0.90	0.90	0.85

表中的 m_1、m_2、m_3…分别表示第一、二、三、…次拉深工序的极限拉深系数。生产中为了提高工艺稳定性，提高工件质量，必须采用稍大于极限值的拉深系数。

二、拉深次数

拉深次数通常用以下两种方法确定：

1. 推算方法

由已知条件，根据表中查得的各次的极限拉深系数，依次计算出各次拉深成的工序件直径，即

$$
\begin{aligned}
d_1 &= m_1 D \\
d_2 &= m_2 d_1 \\
&\cdots \\
d_n &= m_n d_{n-1}
\end{aligned}
$$

假设工件直径为 d，当计算至 n 次，$d_n \leqslant d$ 时，则表示需要的拉深次数为 n 次。

2. 根据工件的相对高度查表得出

由于拉深的相对高度 H/d 也可以表示变形程度，因此根据实际拉深件的相对高度 H/d 和毛坯的相对厚度 t/D，可从表4-10中直接查出所需的拉深次数。当实际拉深件的 H/d 值

处于 n 次与 $n+1$ 次之间时，应认为所需拉深次数为 $n+1$ 次。

表 4-10　拉深件相对高度 H/d 与拉深次数的关系（无凸缘拉深件）

拉深次数	坯料相对厚度（t/D）×100					
	2～1.5	1.5～1.0	1.0～0.6	0.6～0.3	0.3～0.15	0.15～0.08
1	0.94～0.77	0.84～0.65	0.71～0.57	0.62～0.5	0.52～0.45	0.46～0.38
2	1.88～1.54	1.60～1.32	1.36～1.1	1.13～0.94	0.96～0.83	0.9～0.7
3	3.5～2.7	2.8～2.2	2.3～1.8	1.9～1.5	1.6～1.3	1.3～1.1
4	5.6～4.3	4.3～3.5	3.6～2.9	2.9～2.4	2.4～2.0	2.0～1.5
5	8.9～6.6	6.6～5.1	5.2～4.1	4.1～3.3	3.3～2.7	2.7～2.0

三、各工序件尺寸的计算

（一）工序件直径的确定

拉深次数确定后，由表中查得的各次拉深的极限拉深系数应适当地调整，调整的原则是：

1）保证 $m_1 \cdot m_2 \cdots m_n = \dfrac{d}{D}$。

2）使 $m_1 < m_2 < \cdots < m_n$。

调整好拉深系数后，就可以计算出各次工序件的直径

$$d_1 = m_1 D$$
$$d_2 = m_2 d_1$$
$$\cdots$$
$$d_n = m_n d_{n-1}$$

（二）工序件高度的确定

根据无凸缘圆筒形件坯料尺寸的计算公式，推导出各次工序件高度的计算公式为

$$h_1 = 0.25\left(\frac{D}{d_1} - d_1\right) + 0.43\frac{r_1}{d_1}(d_1 + 0.32r_1)$$

$$h_2 = 0.25\left(\frac{D}{d_2} - d_2\right) + 0.43\frac{r_2}{d_2}(d_2 + 0.32r_2)$$

$$\vdots$$

$$h_n = 0.25\left(\frac{D}{d_n} - d_n\right) + 0.43\frac{r_n}{d_n}(d_n + 0.32r_n)$$

式中　h_1、h_2、$\cdots h_n$——各次工序件高度；

d_1、d_2、$\cdots d_n$——各次工序件直径；

r_1、r_2、$\cdots r_n$——各次工序件底部圆角半径；

D——坯料直径。

例 4-1　求图 4-11 所示圆筒形件的坯料尺寸及拉深各工序件尺寸。材料为 08 钢，料厚 2mm。

解　板料厚度 $t > 1$mm，故按料厚中线尺寸计算。

1. 计算坯料直径

根据工件尺寸，其相对高度为

$$\frac{H}{d}=\frac{(80-1)\text{mm}}{(36-2)\text{mm}}=\frac{79}{34}=2.3$$

查表 4-2 得修边量 $\Delta h=5\text{mm}$

查表 4-4 中公式，坯料直径为

$$D=\sqrt{d^2+4dH-1.72rd-0.56r^2}$$

根据图形知 $d=34\text{mm}$，$r=4\text{mm}$，

$$H=(79+5)\text{mm}=84\text{mm}$$

代入上式得

$$D=\sqrt{34^2+4\times34\times84-1.72\times4\times34-0.56\times4^2}\text{mm}$$
$$=105.9\text{mm}$$

2. 确定拉深次数

坯料的相对厚度为

$$t/D\times100=\frac{2}{105.9}\times100=1.89$$

若采用压边圈，首次拉深的拉深系数较小，可以减少拉深次数。

查表 4-5 得各次极限拉深系数，$m_1=0.50$，$m_2=0.75$，$m_3=0.78$，…。

工件的总拉深系数 $m_Z=\dfrac{d}{D}=\dfrac{34}{105.9}=0.32$

比较 m_Z 和 m_1，由于 $m_Z<m_1$，故需要多次拉深才能成形。

故

$$d_1=m_1D=0.50\times105.9\text{mm}=53.0\text{mm}$$
$$d_2=m_2d_1=0.75\times53.0\text{mm}=39.8\text{mm}$$
$$d_3=m_3d_2=0.78\times39.8\text{mm}=31\text{mm}$$

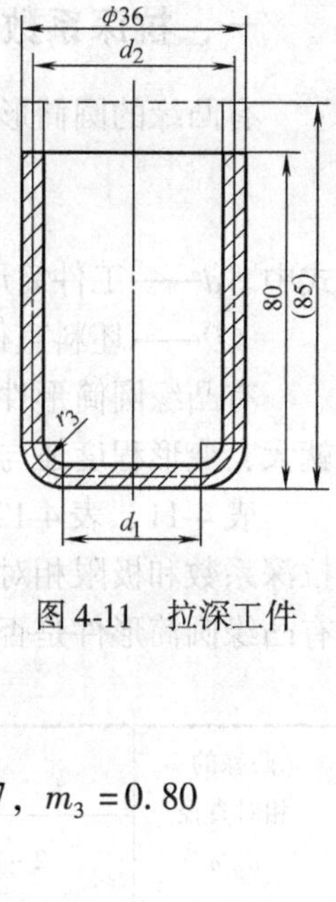

图 4-11 拉深工件

因 $d_3=31\text{mm}<34\text{mm}$，所以该工件需要 3 次拉深成形。

3. 各次拉深工序件尺寸的确定

调整各次拉深系数后，计算各工序件直径，取 $m_1=0.52$，$m_2=0.77$，$m_3=0.80$

得

$$d_1=0.52\times105.9\text{mm}\approx55\text{mm}$$
$$d_2=0.77\times55\text{mm}\approx42\text{mm}$$
$$d_3=0.80\times42\text{mm}\approx34\text{mm}$$

各次工序件底部圆角半径取以下数值：$r_1=8\text{mm}$，$r_2=6\text{mm}$。

把各次拉深工序件的直径和底部圆角半径代入高度计算公式得

$$h_1=0.25\left(\frac{D}{d_1}-d_1\right)+0.43\frac{r_1}{d_1}(d_1+0.32r_1)$$
$$=\left[0.25\times\left(\frac{105.9^2}{55}-55\right)+0.43\times\frac{8}{55}\times(55+0.32\times8)\right]\text{mm}=40.8\text{mm}$$

$$h_2=0.25\left(\frac{D}{d_2}-d_2\right)+0.43\frac{r_2}{d_2}(d_2+0.32r_2)$$

$$= \left[0.25 \times \left(\frac{105.9^2}{42} - 42\right) + 0.43 \times \frac{6}{42} \times (42 + 0.32 \times 6)\right]\text{mm} = 58.9\text{mm}$$

$$h_3 = 84\text{mm}$$

以上计算所得工序件有关尺寸都是厚度中线尺寸。

第五节　有凸缘圆筒形件的拉深

有凸缘的圆筒形件拉深时，坯料凸缘部分不是全部进入凹模口部，而是只拉深到坯料外径等于工件凸缘外径为止。图 4-12 所示为有凸缘的圆筒形件及其坯料图。$d_t/d = 1.1 \sim 1.4$ 时，称为小凸缘圆筒形件；$d_t/d > 1.4$ 时，称为宽凸缘圆筒形件。

当工件各部分尺寸关系不同时，有凸缘的圆筒形件的拉深中要解决的问题是不同的。拉深成形过程和工艺计算与无凸缘的圆筒形件有一定的差别，主要差别在于首次拉深。

一、拉深系数

有凸缘的圆筒形件及坯料如图 4-12 所示，其拉深系数为

$$m_t = \frac{d}{D}$$

式中　d——工件筒形部分的直径；

D——坯料直径。

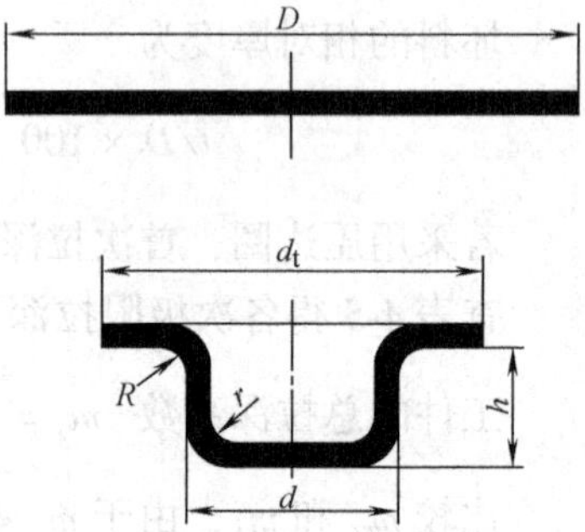

图 4-12　有凸缘圆筒形件及坯料图

有凸缘圆筒形件的拉深系数小的工件，其变形程度不一定就大，变形程度还与工件的拉深深度有关。

表 4-11、表 4-12 给出了有凸缘圆筒形件首次拉深的极限拉深系数和极限相对高度 h_1/d_1 的值。表中数据可以作为判断有凸缘圆筒形件是否能一次拉深成形的依据。

表 4-11　有凸缘筒形件首次拉深的极限拉深系数

凸缘的相对直径 d_t/d	坯料相对厚度 $(t/D) \times 100$				
	2 ~ 1.5	1.5 ~ 1.0	1.0 ~ 0.6	0.6 ~ 0.3	0.3 ~ 0.1
<1.1	0.51	0.53	0.55	0.57	0.59
1.3	0.49	0.51	0.53	0.54	0.55
1.5	0.47	0.49	0.50	0.51	0.52
1.8	0.45	0.46	0.47	0.48	0.48
2.0	0.42	0.43	0.44	0.45	0.45
2.2	0.40	0.41	0.42	0.42	0.42
2.5	0.37	0.38	0.38	0.38	0.38
2.8	0.34	0.35	0.35	0.35	0.35
3.0	0.32	0.33	0.33	0.33	0.33

表 4-12 有凸缘筒形件首次拉深的极限相对高度 h_1/d_1

凸缘的相对直径 d_t/d	坯料相对厚度（t/D）×100				
	2~1.5	1.5~1.0	1.0~0.6	0.6~0.3	0.3~0.1
<1.1	0.90~0.75	0.82~0.65	0.70~0.57	0.62~0.50	0.52~0.45
1.3	0.80~0.65	0.72~0.56	0.60~0.50	0.53~0.45	0.47~0.40
1.5	0.70~0.58	0.63~0.50	0.53~0.45	0.48~0.40	0.42~0.35
1.8	0.58~0.48	0.53~0.42	0.44~0.37	0.39~0.34	0.35~0.29
2.0	0.51~0.42	0.46~0.36	0.38~0.32	0.34~0.29	0.30~0.25
2.2	0.45~0.35	0.40~0.31	0.33~0.27	0.29~0.25	0.26~0.22
2.5	0.35~0.28	0.32~0.25	0.27~0.22	0.23~0.20	0.21~0.17
2.8	0.27~0.22	0.24~0.19	0.21~0.17	0.18~0.15	0.16~0.13
3.0	0.22~0.18	0.20~0.16	0.17~0.14	0.15~0.12	0.13~0.10

当有凸缘圆筒形件的总拉深系数即 d/D 大于表 4-10 的极限拉深系数值，或工件的相对高度 h/d 小于表 4-11 的极限相对高度时，则有凸缘圆筒形件可以一次拉深成形，否则，需要多次拉深才能成形。有凸缘圆筒形件以后各次拉深的变形特点与无凸缘圆筒形件是基本相同的，各拉深系数为

$$m_n = \frac{d_n}{d_{n-1}} \qquad (i = 2、3、\cdots、n)$$

其值与凸缘宽度及外形尺寸无关，可以取与无凸缘圆筒形件的相应拉深系数相等或略小的数值，即参考表 4-8、表 4-9。

二、拉深次数

有凸缘圆筒形件多次拉深时，首次拉深后得到的工序件筒部直径 d_1 应尽量小，以减少拉深次数，同时又要能尽量多的将板料拉入凹模。能保证这个条件的最适宜的直径 d_1 可从图 4-13 中的曲线求得。具体做法是：首先假定一个圆筒部分的直径 d，然后根据 d_t、D、t 从曲线的两侧分别求出相对高度 h/d 值，为使实际拉深系数稍大于极限拉深系数，右边所得的相对高度值应稍小于左边。若成立，则直径 d 可作为首次拉深后的圆筒部尺寸，否则应重新假定一个 d 值，直到合适。

以后各次的工序件的直径可以按下式计算，第 n 次拉深后的直径为

$$d_2 = m_2 d_1$$
$$d_3 = m_3 d_2$$
$$\cdots$$
$$d_n = m_n d_{n-1}$$

式中 m_n——第 n 次拉深时的拉深系数，由表 4-11 查得；

d_{n-1}——前次拉深的圆筒部直径。

当计算到 $d_n < d$ 时，总的拉深次数就确定了。

根据有凸缘圆筒形件坯料直径的计算公式，推导出各次拉深后圆筒部高度的计算公式

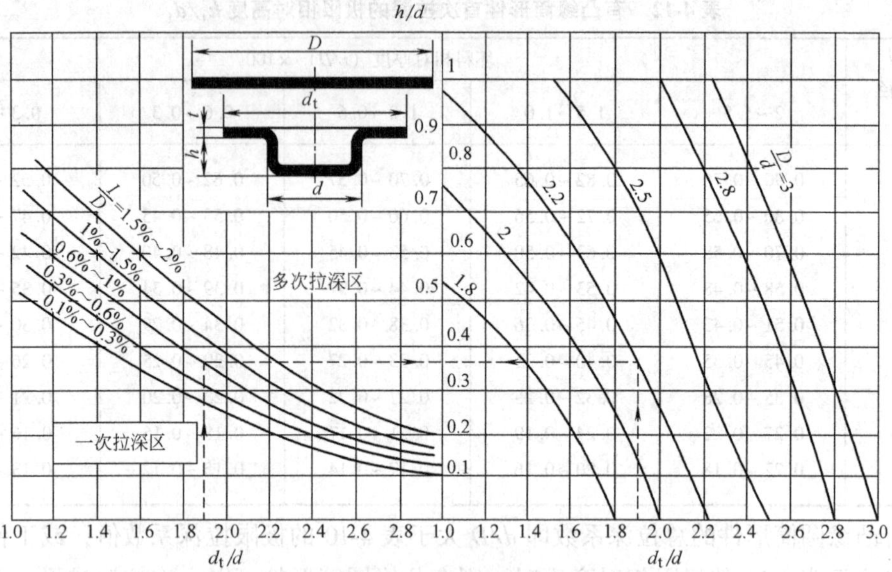

图 4-13　有凸缘筒形件拉深用计算曲线

$$h_1 = \frac{0.25}{d_1}(D^2 - d_t^2) + 0.43(r_1 + R_1) + \frac{0.14}{d_1}(r_1^2 - R_1^2)$$

$$\vdots$$

$$h_n = \frac{0.25}{d_n}(D^2 - d_t^2) + 0.43(r_n + R_n) + \frac{0.14}{d_n}(r_n^2 - R_n^2)$$

式中　D——坯料直径；

h_1、…、h_n——各次拉深后工序件的高度；

d_1、…、d_n——各次拉深后工序件的直径；

r_1、…、r_n——各次拉深后工序件的底部圆角半径；

R_1、…、R_n——各次拉深后工序件的凸缘处圆角半径。

三、有凸缘圆筒形件的拉深方法

（一）小凸缘圆筒形件的拉深

对于 $d_t/d<1.4$ 的小凸缘圆筒形件，多次拉深时由于凸缘很窄，可以将小凸缘圆筒形件当作无凸缘圆筒形件进行拉深，只是在第 $n-1$ 次时，不将前次工序件直壁全部拉入凹模，留出凸缘部分的料，在第 n 次时，用整形工序压成凸缘要求的形状。为了使凸缘容易成形，第 $n-1$ 次可采用具有锥形的凹模、锥形压边圈进行拉深，拉出锥形凸缘。整形时可减小凸缘区切向的拉伸变形，对防止外缘开裂有利。图 4-14 所示为小凸缘圆筒形件及其拉深工艺过程。

（二）宽凸缘圆筒形件的拉深

对于 $d_t/d>1.4$ 的宽凸缘圆筒形件，如果根据极限拉深系数或相对高度判断，不能一次拉深成形时，则需要多次拉深。

宽凸缘件不可能在 $n-1$ 次留出足够的凸缘部分的料，也就不可能先按圆筒形工序件进

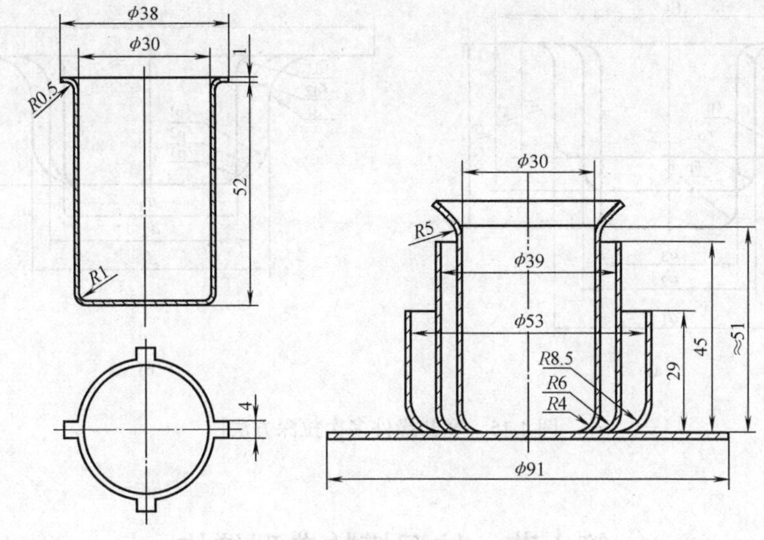

图 4-14　小凸缘圆筒形件及工序件

行拉深。所以，必须在首次拉深就需将凸缘的外径拉到要求的成品尺寸（加修边量）。在后续拉深中凸缘外径保持不变，即不再收缩，而仅仅使工序件的直筒部分参加变形，逐步达到工件的尺寸要求。因为在以后的拉深工序中，即使凸缘部分产生很小的变形，筒壁传力区也会产生很大的拉应力，而导致破裂。

为了保证凸缘区的材料不再流入凹模，需准确计算工序件的高度并严格控制凸模进入凹模的深度。进模深度大了有拉破的危险，刚好到位又不容易控制，因此实际操作时凸模的进模深度常常是稍小一些。这样，多次拉深后所得的拉深件高度将小于工件要求的高度。为了解决这个问题，可把首次拉深时拉入凹模的坯料面积加大 3% ~5%，而在后续拉深时，再将这些多拉入的材料逐次返回到工件口部附近的凸缘上，使这里的板料增厚，但不影响工件的质量与使用。控制再拉深时凸模下止点的位置可实现这一点。

实际生产中，按工序件高度是否改变，宽凸缘圆筒件多次拉深的工艺方法通常有两种：

1. 逐次增加高度拉深法

就是通过再拉深逐步缩小筒形部分直径，增加高度。各次拉深的凸、凹模圆角半径 r_p 和 r_d 可保持不变，如图 4-15a 所示。

这种方法适用于高度大于直径的 $d_t<200$mm 的中小型工件。缺点是工件表面质量较差，其直壁和凸缘上留有圆角弯曲和厚度局部变薄的痕迹，需要在最后增加整形工序。

2. 高度基本不变拉深法

首次拉深尽可能取较大的 r_p 和 r_d 值，高度基本上等于工件要求的尺寸。在以后各次拉深时，高度保持不变，逐步减小圆角半径 r_p 和 r_d 与筒形部分直径，如图 4-15b 所示。由于拉深过程中变形区材料所受的折弯较轻，用这种方法拉深的工件表面光滑平整，厚度均匀。但在首次拉深时因圆角半径较大，容易起皱，适用于坯料相对厚度较大的 $d_t>200$mm 的工件。当工件底部圆角半径较小，或对凸缘有平面度要求时，也要在最后增加一道整形工序。

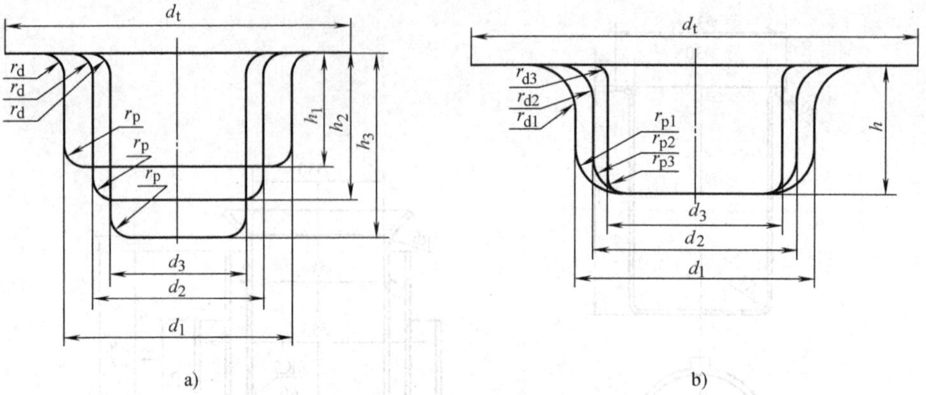

图 4-15　宽凸缘件多次拉深方法

第六节　拉深模的典型结构

拉深模设计应在拉深工艺计算与拉深工序制定之后进行，主要的依据是拉深件的生产批量和尺寸精度的要求，并考虑安全生产因素。设计时应注意：拉深凸模应设计出气孔，并注意出气孔不能被工件包住而失去作用；有凸缘拉深高度取决于上模行程，设计时应有限程器，以便于调整拉深高度；弹压卸料装置应设计限位器，以便控制压边力；模具结构应有利于安全操作。

一、典型拉深模具结构分析

根据使用的压力机类型不同，可分为单动压力机用拉深模和双动压力机用拉深模；根据拉深顺序可分为首次拉深模和以后各次拉深模；根据工序组合情况不同可分为单工序拉深模、复合工序拉深模、级进拉深模；根据有无压边可分为有压边装置拉深模和无压边装置拉深模。

（一）单动压力机用拉深模

1. 首次拉深模

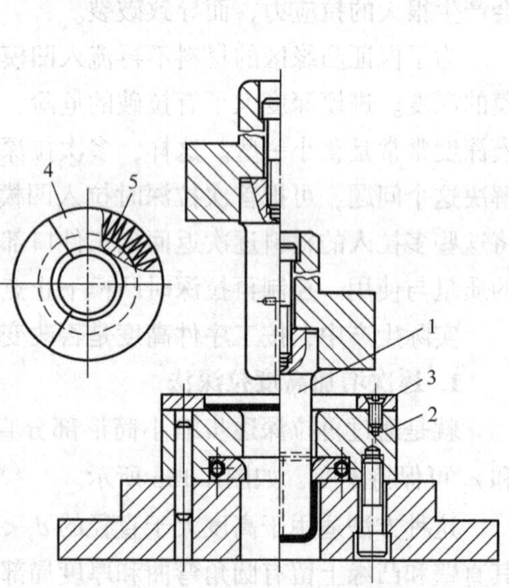

图 4-16　无压边装置的首次拉深模

1—凸模　2—凹模　3—定位板　4—卸件器　5—弹簧

如图 4-16 所示为无压边装置的首次拉深模。拉深件直接从凹模底下落下，为了从凸模上卸下工件，在凹模下装有卸件器。该模具中的卸件器是环式的。当拉深工作行程结束，凸模回程时，卸件器下平面作用于拉深件口部，把工件卸下。为了便于卸件，凸模上钻有直径为 3mm 以上的通气孔。如果板料较厚，拉深件深度较小，拉深后有一定回弹量。回弹引起拉深件口部张大，当凸模回程时，凹模下平面挡住拉深件口部而自然卸下拉深件，此时可以不配备卸件器。

如图 4-17a 所示为有压边装置的正装式首次拉深模。拉深模的压边装置在上模，由于弹性元件高度受到模具闭合高度的限制，因而这种结构形式的拉深模适用于拉深深度不大的工件。

如图 4-17b 所示为倒装式的具有锥形压边圈的首次拉深模。压边装置的弹性元件在下模底部，采用这种结构的模具可以有较大的工作行程和压边力。可用于拉深深度较大的工件，应用十分广泛。

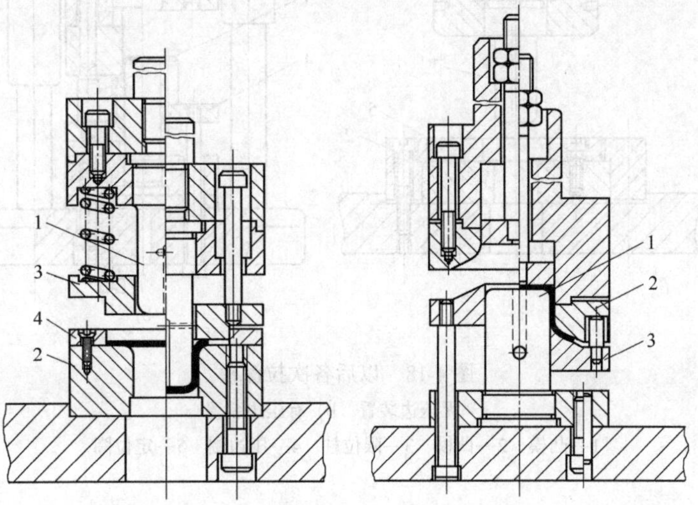

图 4-17　有压边装置的首次拉深模

a）正装拉深模　b）倒装拉深模

1—凸模　2—凹模　3—压边圈　4—定位板

2. 以后各次拉深模

如图 4-18a 所示为无压边装置的以后各次拉深模。该模具的凸模和凹模及定位圈可以更换，以拉深一定尺寸范围的不同拉深件。

图 4-18b 所示为有压边装置的以后各次拉深模。其压边装置带有三个限位柱，压边圈又是工序件的内形定位圈。

3. 落料、拉深复合模

如图 4-19 所示为落料、拉深复合模。送料时条料沿两个导料销 11 进行导料，由挡料销 12 定距。由于排样图取消了纵搭边，落料后废料中间将自动断开，因此可不设卸料装置。

开始工作时，首先由落料凹模 1 和凸凹模 3 完成落料，紧接着由拉深凸模 2 和凸凹模进行拉深。拉深结束后，回程时由推板 4 将工件从凸凹模内推出，连接推板的拉杆 7 由螺母 5 锁紧。压边圈 9 兼作顶板，在拉深过程中起压边作用，拉深结束后又能将工件顶起，使其脱离凸模。

该模具采用了中间导柱模架进行导向，这是为了保证均匀的冲裁间隙，提高模具的刃磨寿命，并使模具的调试简单化。因此兼有冲裁加工的拉深模都采用模架进行导向。

落料、拉深复合模比单工序模可提高生产效率，但模具较复杂，装配难度也较大。

（二）双动压力机用拉深模

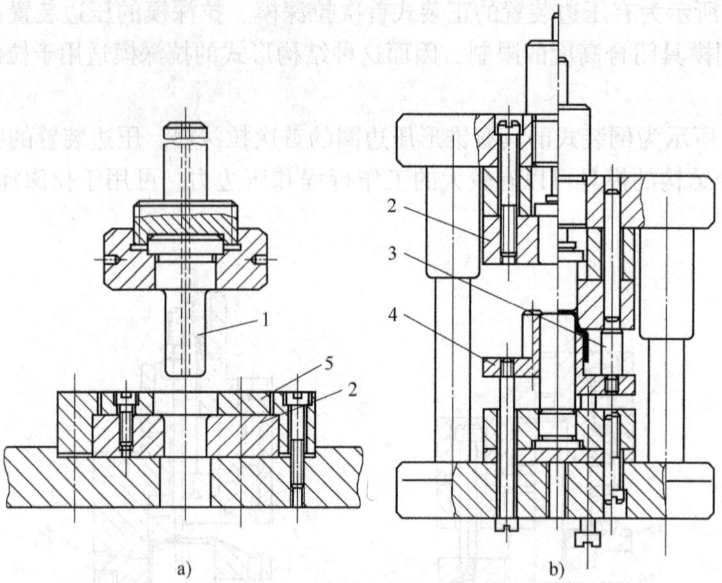

图 4-18 以后各次拉深模

a) 无压边装置 b) 有压边装置

1—凸模 2—凹模 3—限位柱 4—压边圈 5—定位圈

双动拉深机非常适合于进行拉深加工，通常内滑块用于固定凸模，外滑块用于固定压边圈，压边力可单独调整与控制，且在拉深过程中保持不变，因此能收到很好的压边效果。由于压边装置不需设置弹性元件，因此用于双动压力机上的拉深模结构也比较简单。下面介绍的拉深模可说明上述特点。

图 4-20 所示为落料、拉深复合模。用于双动压力机上的拉深模可同时完成落料、拉深及底部的浅成形。在结构设计上采用的是分体结构，压边圈 3 装在压边圈座 2 上，并兼作落料凸模用，拉深凸模 4 装在凸模座 1 上。这种分体结构对大型模具尤为必要，不仅可节省模具钢，也便于毛坯的制备与热处理。

工作时，首先外滑块带动压边圈下行，在到达下止点前与落料凹模 5 共同完成落料，接着进行压边。然后内滑块带动拉深凸模 4 下行，与拉深凹模 6 一起完成主要的拉深成形。顶板 7 兼作拉深凹模的底，在内滑块到达下止点时，可完成对工件底部的浅成形。回程时，内滑块先上升，然后外滑块才上升，可保证工件留在下模，最后由顶板 7 将工件顶出。

以上介绍的单动压力机和双动压力机用的拉深模，主要用于常见的圆筒形件的拉深。其结构形式基本上也可用于矩形件的拉深。

二、拉深模工作部分的结构和尺寸

（一）凸、凹的圆角半径

1. 凹模圆角半径的确定

首次拉深凹模圆角半径可按下式计算

$$r_{A1} = 0.8\sqrt{(D-d)t}$$

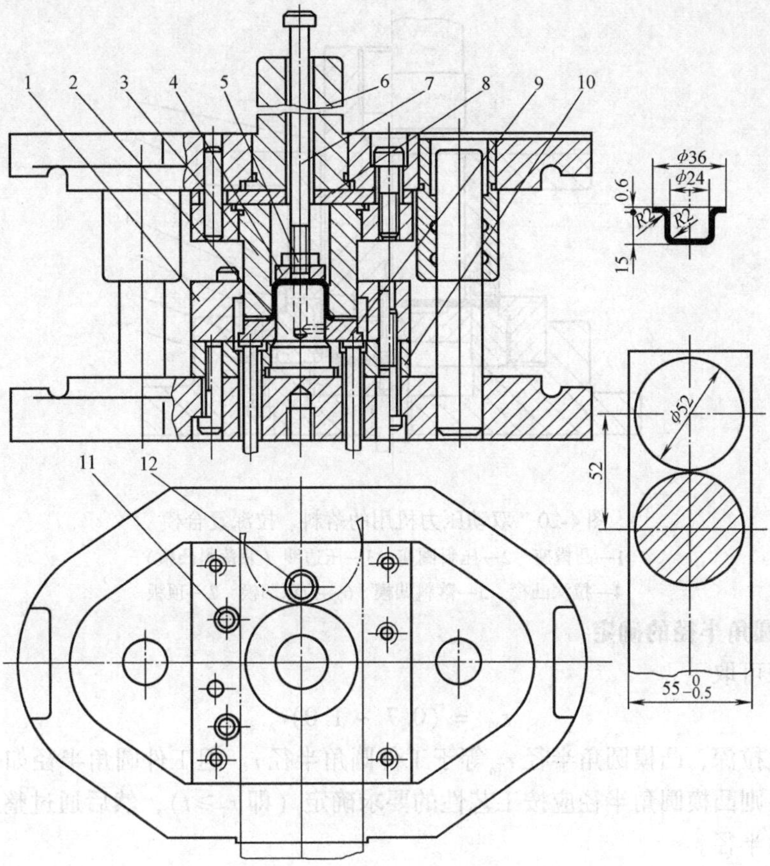

图 4-19 落料、拉深复合模

1—落料凹模 2—拉深凸模 3—凸凹模 4—推板 5—螺母 6—模柄 7—拉杆 8—垫板 9—压边圈 10—固定板 11—导料销 12—挡料销

式中 D——坯料直径；

d——凹模内径。

或按表 4-13 选取。

以后各次拉深凹模圆角半径应逐渐减小，一般按下式确定

$$r_{Ai} = (0.6 \sim 0.8) r_{Ai-1} \quad (i = 2、3、\cdots、n)$$

盒形件拉深模凹模圆角半径按下式计算

$$r_A = (4 \sim 8) t$$

以上计算所得凹模圆角半径一般应符合 $r_A \geqslant 2t$ 的要求。

表 4-13 首次拉深凹模圆角半径 （单位：mm）

材料种类	板料厚度 t/mm		
	≤3	>3～6	>6～20
钢	(10～6) t	(6～4) t	(4～2) t
纯铜、黄铜、铝	(8～5) t	(5～3) t	(3～1.5) t

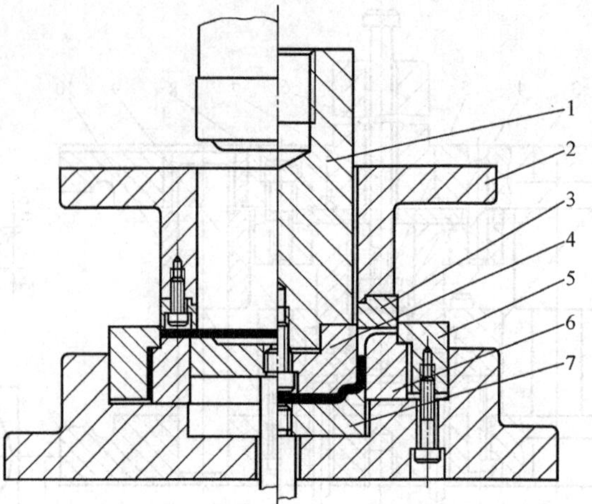

图 4-20　双动压力机用的落料、拉深复合模

1—凸模座　2—压料圈座　3—压边圈（兼落料凸模）

4—拉深凸模　5—落料凹模　6—拉深凹模　7—顶板

2. 凸模圆角半径的确定

首次拉深可取

$$r_{T1} = (0.7 \sim 1.0) r_{A1}$$

最后一次拉深，凸模圆角半径 r_{Tn} 等于工件圆角半径 r。但工件圆角半径如果小于拉深工艺性要求时，则凸模圆角半径应按工艺性的要求确定（即 $r_T \geq t$），然后通过整形工序达到工件要求的圆角半径。

中间各次拉深工序的凸模圆角半径可按下式确定

$$r_{Ti-1} = \frac{d_{i-1} - d_i - 2t}{2} \quad (i = 3、4、\cdots、n)$$

式中　d_{i-1}、d_i——各工序件的外径。

（二）拉深模间隙

拉深模的凸、凹模之间间隙对拉深力、工件质量、模具寿命等都有影响。间隙小，拉深力大，模具磨损大，但间隙小，工件回弹小，精度高；间隙过小，会使工件严重变薄甚至拉裂；间隙过大，坯料容易起皱，工件锥度大，精度差。因此，应根据板料厚度及公差、拉深过程板料的增厚情况、拉深次数、工件的形状及精度要求等，正确确定拉深模间隙。

1）无压边圈的拉深模，其间隙为

$$Z = (1 \sim 1.1) t_{max}$$

式中　Z——拉深模单边间隙；

t_{max}——板料厚度的最大极限尺寸。

对于系数 1 ~ 1.1，小值用于末次拉深或精密工件的拉深，大值用于首次和中间各次拉深或精度要求不高工件的拉深。

2）有压边圈的拉深模，其间隙可按表 4-14 确定。

对于精度要求高的工件，为了减小拉深后的回弹，常采用负间隙拉深模。其单边间隙值为 $Z = (0.9 \sim 0.95) t$。

3）盒形件拉深模的间隙，可根据工件精度确定。当盒形件尺寸精度要求高时，$Z=(0.9\sim1.05)t$；当精度要求不高时，$Z=(1.1\sim1.3)t$。末次拉深取较小值。

表 4-14 有压边圈拉深时单边间隙值 （单位：mm）

总拉深次数	拉深工序	单边间隙 Z	总拉深次数	拉深工序	单边间隙 Z
1	一次拉深	$(1\sim1.1)t$	4	第一、二次拉深 第三次拉深 第四次拉深	$1.2t$ $1.1t$ $(1\sim1.05)t$
2	第一次拉深 第二次拉深	$1.1t$ $(1\sim1.05)t$			
3	第一次拉深 第二次拉深 第三次拉深	$1.2t$ $1.1t$ $(1\sim1.05)t$	5	第一、二、三次拉深 第四次拉深 第五次拉深	$1.2t$ $1.1t$ $(1\sim1.05)t$

注：1. t 为材料厚度，取材料允许偏差的中间值（mm）。

2. 当拉深精密工件时，对最末一次拉深间隙取 $Z=t$。

第七节 其他形件拉深

一、阶梯形件的拉深

旋转体阶梯形件如图 4-21 所示，拉深的变形特点与圆筒形件拉深的特点相同。可以认为圆筒形件以后各次拉深时不拉到底就得到了阶梯形件。但阶梯形件的拉深次数及拉深方法与圆筒形件拉深是有区别的。

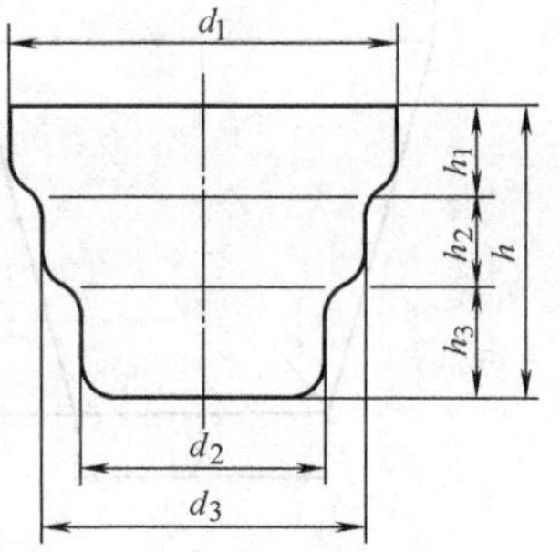

图 4-21 阶梯形件

（一）判断能否一次拉深成形

判断阶梯形工件能否一次拉深成形的方法是：先求出工件的高度 h 与最小直径 d_n 之比，如图 4-21 所示。然后再根据坯料相对厚度查表 4-10，如果拉深次数为 1，则可一次拉深成形，否则就要多次拉深成形。

（二）阶梯形件多次拉深的方法

1）当任意两相邻阶梯直径之比（d_i/d_{i-1}）都不小于相应的圆筒形件的极限拉深系数时，其拉深方法为：由大阶梯到小阶梯依次拉出如图 4-22a 所示的阶梯形，这时拉深次数等于阶梯直径数目与最大阶梯成形之前的拉深次数之和。

2）当任意两相邻阶梯直径之比（d_i/d_{i-1}）小于相应的圆筒形件的极限拉深系数时，则由直径 d_{i-1} 到 d_i 按有凸缘圆筒形件的拉深方法拉深，如图 4-22b 所示。

3）当阶梯形件的坯料相对厚度 $t/D\geqslant1.0\%$，而且每个阶梯的高度不大，相邻阶梯直径差又不大时，采用如图 4-22c 所示的拉深方法，即首先拉成带大圆角半径的圆筒形件，然后用校形方法得到工件的形状和尺寸。用这种方法成形，材料可能有局部变薄，会影响工件质量。

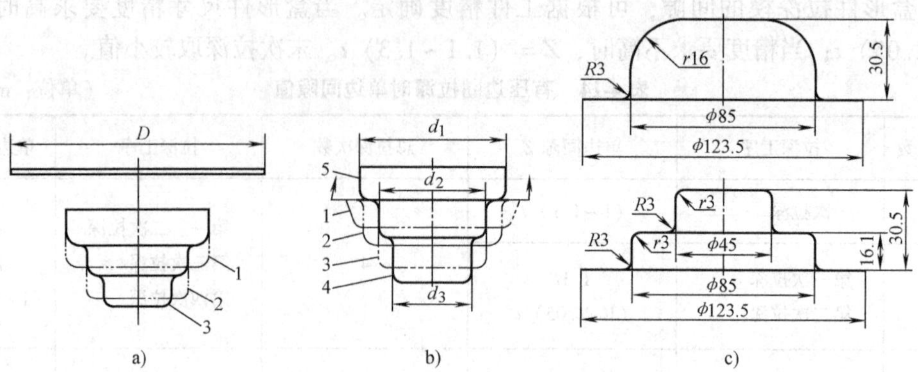

图 4-22　阶梯形件的多次拉深

二、锥形件的拉深

锥形工件有锥台形与尖锥形之分，常见的是锥台形，如图 4-23 所示。

成形时凹模口内有相当部分的板料悬空，无法压边，成形很容易产生纵向起皱现象，如图 4-24 所示。其成形难度受锥形工件几何尺寸及板厚的影响，d_1/d_2 值越小，成形难度越大；t/D 值越小，越容易发生受压失稳而起皱；当其他条件相同时，相对高度 h/d_2 值越大，成形难度越大。

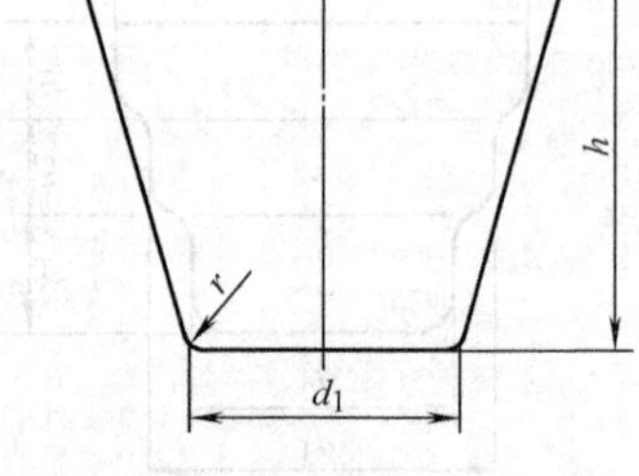

图 4-23　锥形件的几何尺寸

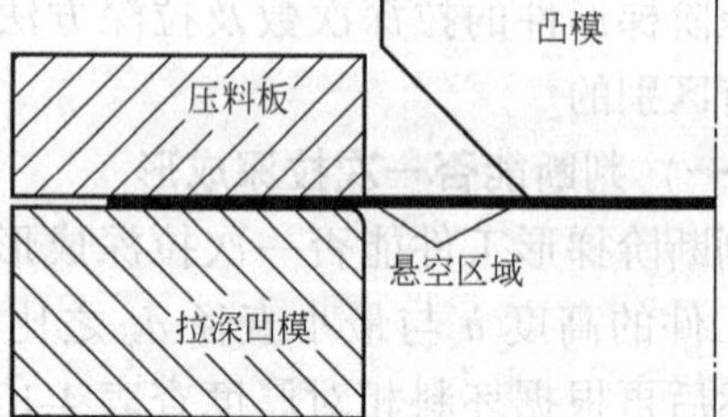

图 4-24　锥形件的成形特点

（一）一次成形的锥形件

由平板毛坯能够一次成形的锥形件是有限的，需要下述三种几何参数都比较有利，即通常是板料较厚、深度较浅、锥度小的锥形件。当 $h/d_2 < 0.25 \sim 0.3$、$t/D \times 100 > 2$ 时，可不压边，用带底的凹模一次成形。当工件尺寸精度要求较高时，应采用带压边装置的拉深模，加大压边力，以便增加胀形成分，克服回弹。

（二）两次成形的锥形件

对于 $d_1/d_2 \geqslant 0.25$、$h/d_2 = 0.3 \sim 0.5$ 的锥形件，当 $t/D \times 100 > 2$ 时，一般可一次成形；当 $t/D = 1.5 \sim 2$ 时，为了保险起见，可分两次成形。如图 4-25 所示，首次由平板毛坯拉成大圆角的圆筒形或近似球形的工序件；第二次用整形模使其达到工件要求的形状。为了提高工件的尺寸精度和表面质量，整形时可带有一定的胀形变形。对于常见的塑性材料，胀形引起直径的最大增加量应在5%～8%之间。

当 $t/D\times100<1.5$ 时，需分两次拉成，条件不利时，可分三次拉成。首次拉成大圆角的或球形底的圆筒形工序件，第二次可用正拉深模或反拉深模成形。反拉深的效果比较好，条件有利时，h/d_2 值可达0.7。

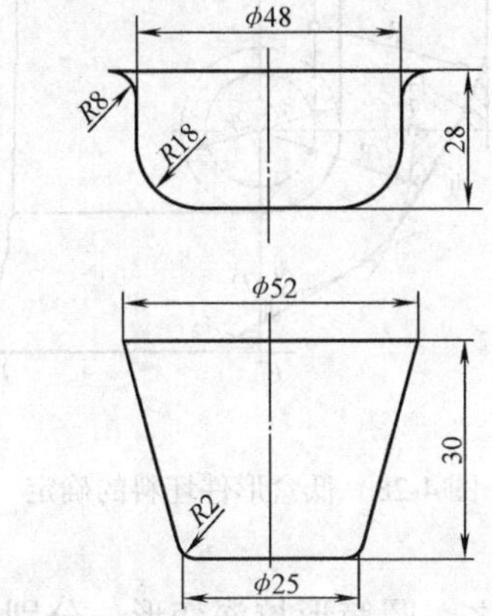

图4-25　两次成形的锥形件

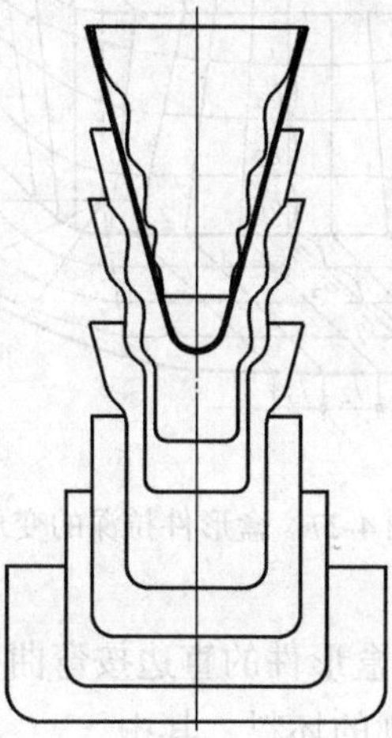

图4-26　多次成形的锥形件

（三）多次成形的锥形件

对于 $h/d_2>0.7$ 的锥形件，必须经多次拉深模成形。如果 d_1/d_2 值很小，当 $h/d>0.5$ 时，就需多次拉成。如图4-26所示，采用阶梯逼近法，由平板毛坯经多次拉成一个母线为折线的工序件，最后整形为锥形件。

三、盒形件拉深

如图4-27所示的盒形件，可以划分为4个长度分别为 $L-2r$ 和 $B-2r$ 的直边部分及4个半径均为 r 的圆角部分。圆角部分是四分之一的圆面，类似于圆筒形件拉深成形；直边部分是直壁平面，类似于弯曲成形。但是直边和圆角是一个整体，在成形过程中必然有互相作用和影响，两者之间也没有明显的界限。

以低盒形件为例，其坯料的形状和尺寸确定方法如下：

口部要求不高的低盒形件，拉深后可以不切边；口部要求较高的盒形件一般都要经过切边。盒形件的修边余量见表4-15。

表4-15　盒形件的修边余量

需拉深工序数	1	2	3	4
修边余量 Δh	$(0.03\sim0.05)H$	$(0.04\sim0.06)H$	$(0.05\sim0.08)H$	$(0.06\sim0.1)H$

对于 H/B 和 r/B 均较小的盒形件，如图4-28所示，其坯料的形状和尺寸可以按下述步

骤来确定：

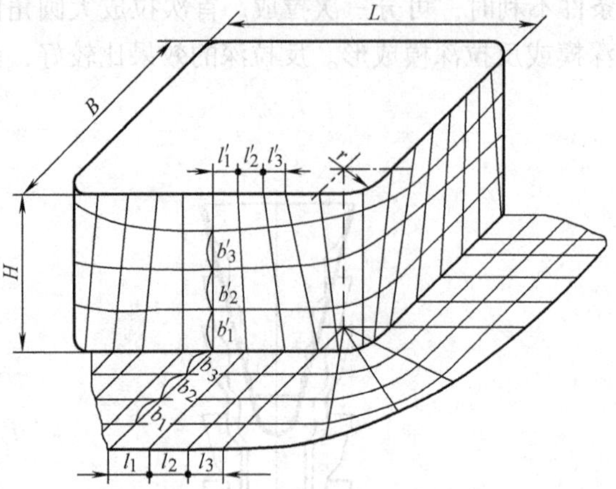

图 4-27　盒形件拉深的变形特点

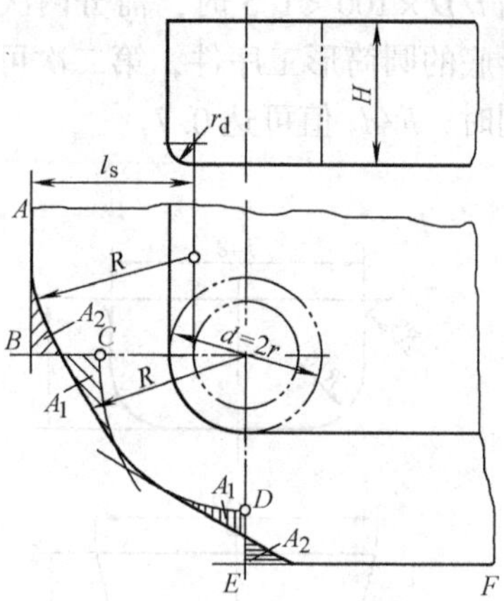

图 4-28　低盒形件坯料的确定

1）首先盒形件的直边按弯曲变形，圆角部分按四分之一圆筒形拉深变形，分别展开得 *ABCDEF* 轮廓的坯料。其中

$$l_z = H + 0.57r_d$$

$$R = \sqrt{2rH}\ （当\ r = r_d\ 时）$$

或

$$R = \sqrt{r^2 + 2rH - 0.86r_d\ (r + 0.16r_d)}\ （当\ r > r_d\ 时）$$

2）修正展开的坯料形状，使圆角到直边光滑过渡。作法是：由 *BC* 中点作圆弧 *R* 的切线，再以 *R* 为半径作圆弧与直边和切线相切。这时面积 $A_1 \approx A_2$，拉深时圆角部分多出的面积 A_1 向直边转移以补充直边面积 A_2 的不足。

四、球面形件的拉深

球面形件刚开始拉深时，中间部分坯料几乎都不与模具表面接触，即处于"悬空"状态。随着拉深过程的进行，悬空状态部分虽有逐步减少，但仍比圆筒形件拉深时大得多。坯料处于这种悬空状态，抗失稳能力较差，在切向压应力作用下很容易起皱。这种现象常成为曲面工件拉深必须解决的主要问题。另一方面，由于坯料中的径向拉应力在凸模顶部接触的中心部位上最大，因此，曲面中心部位的破裂是这类工件成形中需要注意的另一个问题。

为减少起皱，常见球面形件的拉深方法有：

1）当 $t/D \times 100 > 3$ 时，这时是板料较厚、工件较小的球面形件，可不压边一次拉深成形。

2）当 $t/D \times 100 = 0.5 \sim 3$ 时，这时的板料相对厚度 t/D 值减小了，如采用普通的平面压边圈，一般仍可一次成形。对于大型件可分两次成形，首次可拉成凸弧底的圆筒形工序件，第二次再用反拉深法拉成工件要求的形状，如图 4-29 所示。

3）当 $t/D\times100<0.5$ 时，这时是板料较薄、尺寸较大的球面形件，起皱的危险性大为增加。如果 t/D 值不是很小，可采用带拉深筋的模具一次拉深成形，如图 4-30 所示。

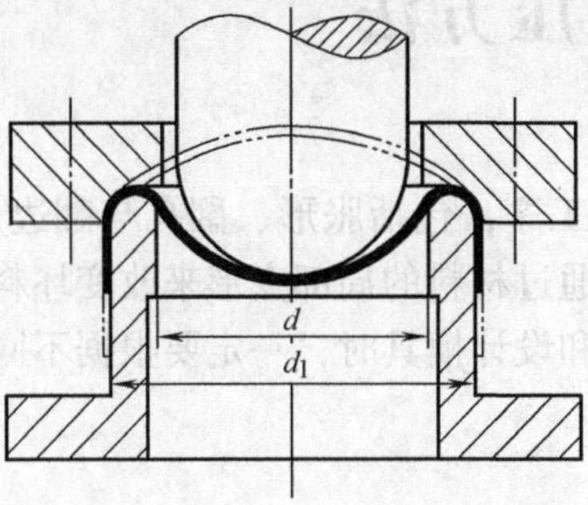

图 4-29　球面形件的二次反拉深

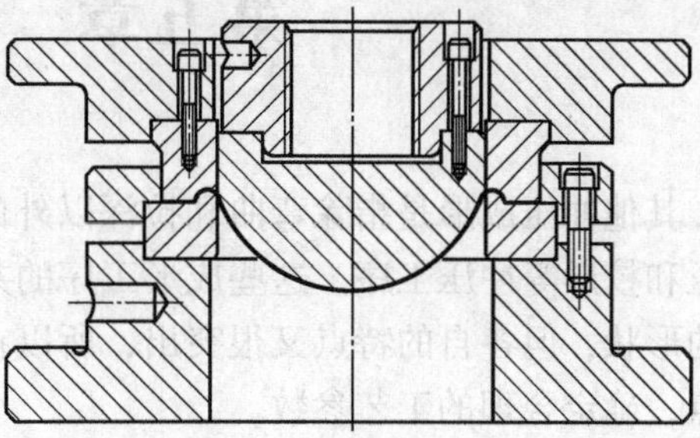

图 4-30　带拉深筋的拉深模具

五、软模成形

用金属或刚性材料制造使其成形的凸模或凹模，对软模（气体、液体、橡胶、聚氨酯）施加压力，夹在中间的毛坯被压贴在模具表面成为所需制件的方法称为软模成形。由于软模成形使模具简单化和通用化，因而应用较为广泛，可用于弯曲、拉深、翻边、胀形等。

如图 4-31 所示为软凸模拉深，如图 4-32 所示为软凹模拉深。成形时毛坯的外边缘被压紧固定，在双向拉应力作用下，板料通过面积增大和厚度变薄而成形。毛坯不会起皱，对于薄材料的锥形件、曲面形件的拉深十分有利。

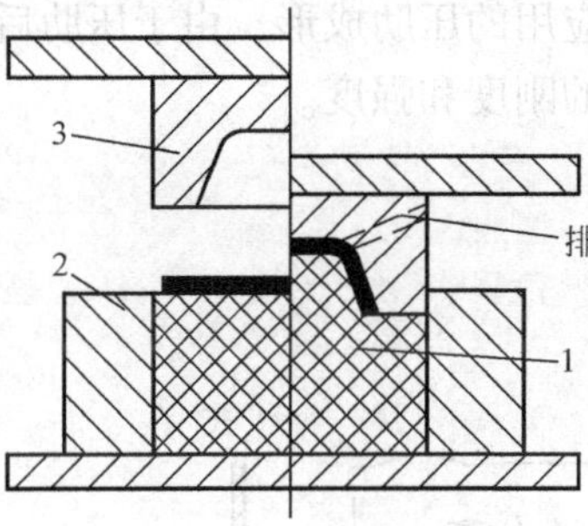

图 4-31　软凸模拉深

1—橡胶　2—容框　3—凹模

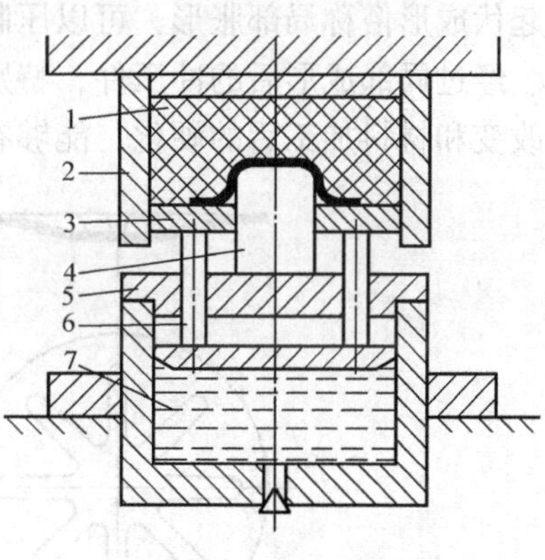

图 4-32　软凹模拉深

1—橡胶　2—容框　3—压边圈　4—凸模

5—凸模座　6—顶杆　7—液压缸

第五章　其他冲压方法

其他冲压成形是指除弯曲和拉深以外的冲压成形工序，包括胀形、翻孔与翻边、缩口、旋压和校形等冲压工序。这些成形工序的共同特点是通过材料的局部变形来改变坯料或工序件的形状，但各自的特点又很突出，所以在制定工艺和设计模具时，一定要根据不同的成形特点，确定合理的工艺参数。

第一节　胀　　形

胀形变形区内金属处于双向受拉的应力状态，其成形极限将受到拉裂的限制。材料的塑性越好，硬化指数 n 值越大，可能达到的极限变形程度就越大。

由于胀形时坯料处于双向受拉的应力状态，变形区的材料不会产生失稳起皱现象，因此成形后工件的表面光滑，质量好。同时，由于变形区材料截面上断裂应力沿厚度方向的分布比较均匀，所以卸载时的回弹很小，容易得到尺寸精度较高的工件。

一、平板坯料的起伏成形

起伏成形俗称局部胀形，可以压制加强肋、凸包、凹坑、花纹图案及标记等，如图 5-1 所示。经过局部成形后的冲压件，特别是生产中广泛应用的压肋成形，由于压肋后工件惯性矩的改变和材料加工后的硬化，能够有效地提高工件的刚度和强度。

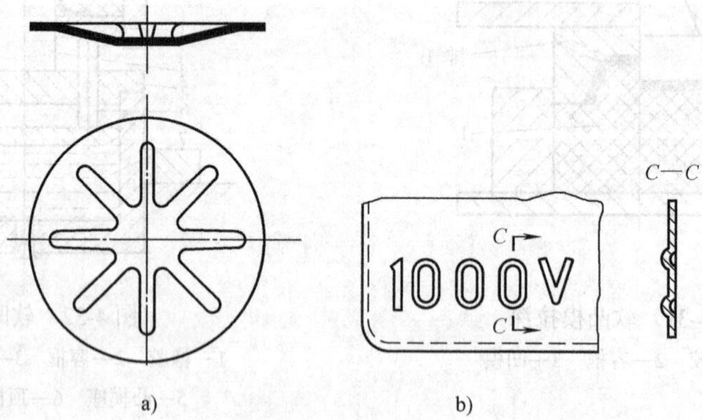

图 5-1　起伏成形

二、空心坯料的胀形

空心坯料的胀形是材料沿径向拉伸，将空心工序件或管状坯料向外扩张，胀出所需的凸起曲面，如壶嘴、带轮、波纹管等。

1. 胀形方法

(1) 刚性模具胀形　如图 5-2 所示，胀形时凹模 1 向下，迫使锥形芯块 4 将分瓣凸模 2 顶开，使工序件胀出所需的形状，开模时拉簧 3 使分瓣凸模复位。分瓣凸模的数目越多，工件的精度越好。这种胀形方法的缺点是很难得到精度较高的、表面光滑的旋转体，变形的均匀程度差，模具结构复杂。

(2) 柔性模胀形　如图 5-3 所示，其原理是利用橡胶（或聚氨酯）、液体、气体等代替刚性凸模。软模胀形时材料的变形比较均匀，容易保证工件的精度，便于成形复杂的空心工件，所以在生产中广泛采用。

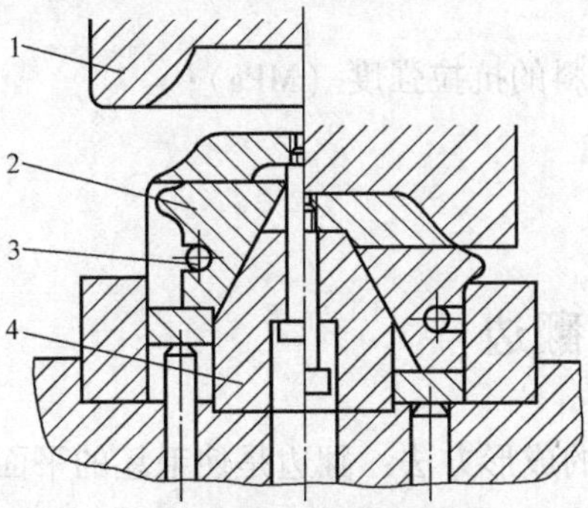

图 5-2　刚性凸模胀形图

1—凹模　2—分瓣凸模

3—拉簧　4—锥形芯块

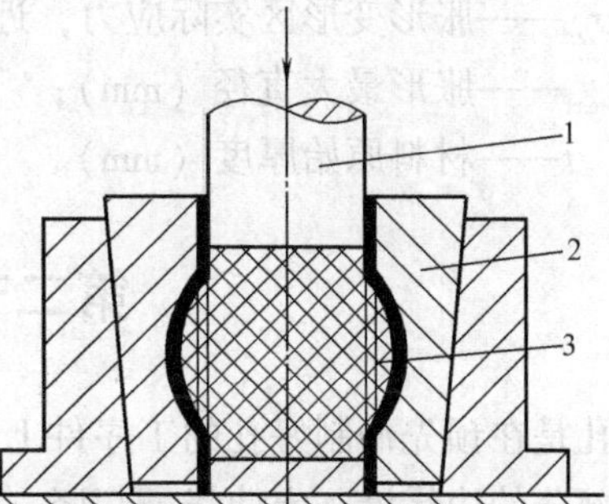

图 5-3　柔性模胀形

1—凸模　2—分块凹模　3—橡胶

2. 胀形的变形程度

空心坯料胀形的变形主要是依靠材料的切向拉伸，故变形是依靠变形区部分材料厚度变薄，表面积增大来实现的。胀形的变形程度常用胀形系数 K 表示

$$K = \frac{d_{max}}{D}$$

式中　d_{max}——胀形后工件的最大直径；

D——坯料原始直径。

胀形系数 K 和坯料伸长率 δ 的关系为

$$\delta = \frac{d_{max} - D}{D} = K - 1$$

$$K = 1 + \delta$$

由于坯料的变形程度受到材料的伸长率限制，所以只要知道材料的伸长率便可以按上式求出相应的极限胀形系数。表 5-1 是一些材料的胀形系数，可供参考。

表 5-1　胀形系数 K 的近似数值

材料	坯料相对厚度（t/D）×100			
	0.45 ~ 0.35		0.32 ~ 0.28	
	未退火	退火	未退火	退火
10 钢	1.10	1.2	1.05	1.15
铝	1.2	1.25	1.15	1.2

3. 胀形力的计算

胀形时，所需的胀形力 F 可按下式计算

$$F = PA$$

式中　P——胀形单位面积压力（MPa）；

A——胀形面积（mm^2）。

胀形单位面积压力 P 可用下式计算：

$$P = 1.15\sigma_{zx}\frac{2t}{d_{max}}$$

式中　σ_{zx}——胀形变形区实际应力，近似估算时取材料的抗拉强度（MPa）；

d_{max}——胀形最大直径（mm）；

t——材料原始厚度（mm）。

第二节　翻孔与翻边

翻孔是在预先冲制好孔的工序件上冲出竖立边缘的成形方法；翻边是使毛坯的平面部分或曲面部分的边缘沿一定曲线翻起竖立直边的成形方法。

一、翻孔

翻孔时变形区材料受拉应力作用，主要危险在于孔口边缘拉裂。破裂的条件取决于变形程度的大小。翻孔前后尺寸的变化如图5-4所示。变形程度以翻孔前直径 d 与翻孔后孔径 D 的比值 K 来表示，即

$$K = \frac{d}{D}$$

K 称为翻孔系数，K 值越小，则变形程度越大。翻孔时孔边不破裂所能达到的最小 K 值，称为极限翻孔系数，低碳钢圆孔的极限翻孔系数，见表5-2。。

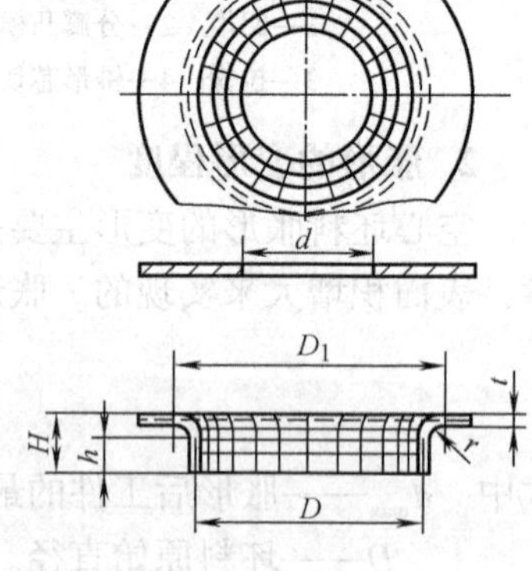

图5-4　平板坯料翻孔前后尺寸变化

表5-2　低碳钢圆孔的极限翻孔系数

凸模形式	孔的加工方法	比值 d/t 100	50	35	20	15	10	8	6.5	5	3
球形	冲孔去毛刺	0.70	0.60	0.52	0.45	0.40	0.36	0.33	0.31	0.30	0.25
	冲孔	0.75	0.65	0.57	0.52	0.48	0.45	0.44	0.43	0.42	0.42
圆柱形平底	冲孔去毛刺	0.80	0.70	0.60	0.50	0.45	0.42	0.40	0.37	0.35	0.30
	冲孔	0.85	0.75	0.65	0.60	0.55	0.52	0.50	0.50	0.48	0.47

二、翻边

按变形的性质，翻边可分为伸长类翻边和压缩类翻边。

1. 伸长类翻边

伸长类翻边如图 5-5 所示。图 a 为沿不封闭内凹曲线进行的平面翻边，图 b 为在曲面坯料上进行的伸长类翻边。它们的共同特点是坯料变形区主要在切向拉应力的作用下产生切向的伸长变形，边缘容易拉裂。

2. 压缩类翻边

压缩类翻边如图 5-5 所示。图 c 为沿不封闭外凸曲线进行的平面翻边，图 d 为压缩类曲面翻边。它们的共同特点是变形区主要为切向受压，在变形过程中材料容易起皱。

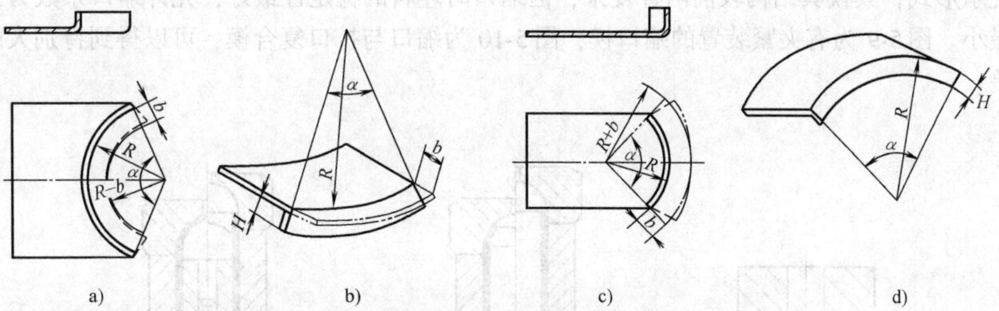

图 5-5　伸长类、压缩类翻边

三、翻边、翻孔模具结构

图 5-6 所示为翻孔模，其结构与拉深模基本相似。图 5-7 所示为翻孔及翻边同时进行的模具。

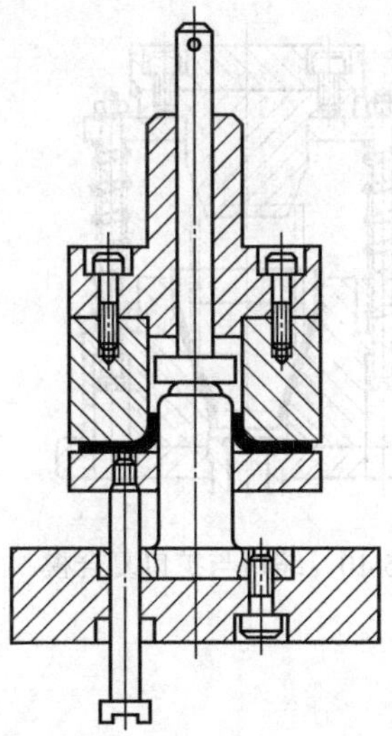

图 5-6　翻孔模

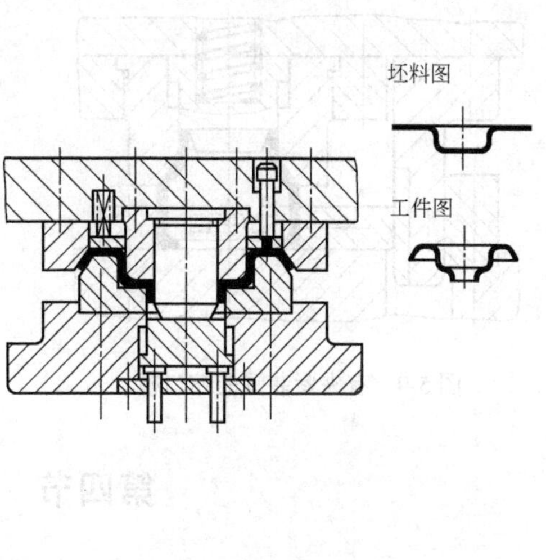

图 5-7　翻孔及翻边模

第三节　缩　　口

缩口是将管坯或预先拉深好的圆筒形件通过缩口模将其口部直径缩小的一种成形方法。缩口工艺在国防工业和民用工业中都有广泛应用，例如弹壳、水壶等。

缩口的极限变形程度主要受失稳条件的限制，防止失稳是缩口工艺要解决的主要问题。

图 5-8 所示为不同支承方法的缩口模。图 5-8a 是无支承形式，其模具结构简单，但缩口过程中坯料稳定性差。图 5-8b 是外支承形式，缩口时坯料的稳定性较前者好。图 5-8c 是内外支承形式，其模具结构较前两种复杂，但缩口时坯料的稳定性最好，允许缩口系数为三者中最小。图 5-9 为有夹紧装置的缩口模，图 5-10 为缩口与扩口复合模，可以得到特别大的直径差。

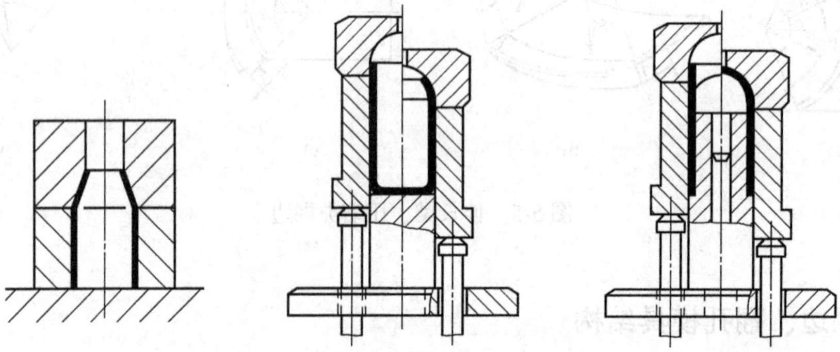

a)　　b)　　c)

图 5-8　不同支撑方法的缩口模

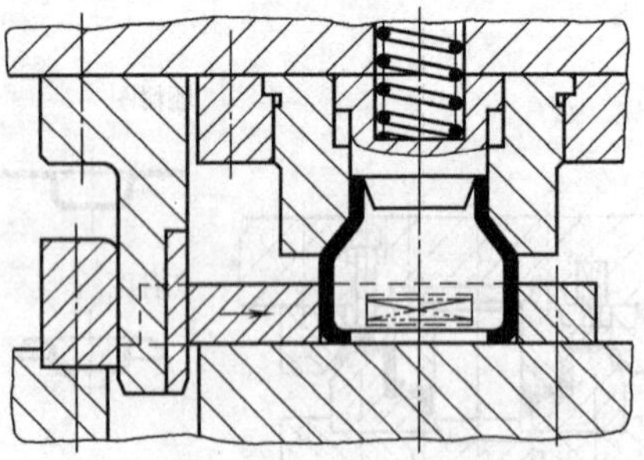

图 5-9　有夹紧装置的缩口模

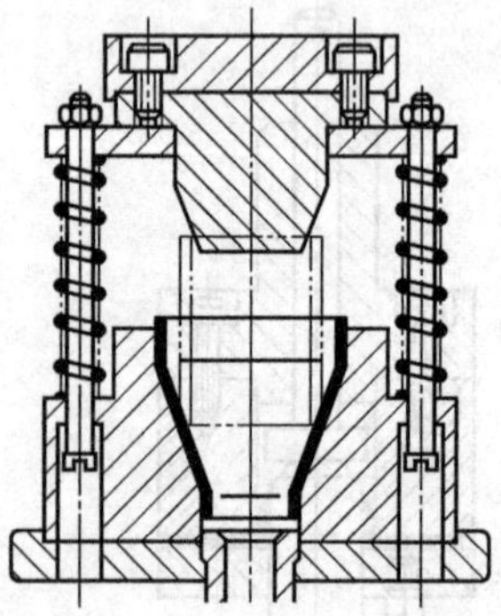

图 5-10　缩口与扩口复合模

第四节　旋　　压

如图 5-11 所示，旋压是将坯料固定在旋压机的模具上，在坯料随机床主轴转动的同时，用旋轮或赶棒加压于坯料，使之产生局部的塑性变形，由于旋轮的进给运动和坯料的旋转运动，结果使局部的塑性变形逐步地扩展到坯料的全部表面，并完成工件的旋压加工。

旋压多用于日用搪瓷工业、铝制品工业、航空工业、导弹制造工业等部门的生产中，用以加工轴对称形状的工件。如圆筒形、锥形、抛物面形或其他各类曲线构成的旋转体。

旋压加工的优点是设备和模具都比较简单（没有专用的旋压机时可用车床代替），可加工相当复杂形状的旋转体工件。缺点是生产率较低，劳动强度较大，比较适用于试制和小批量生产。但随着先进冲压成形技术的发展，数控旋压机已应用于生产实践，数控旋压生产以较低的成本、较高的速度使产品更新换代。

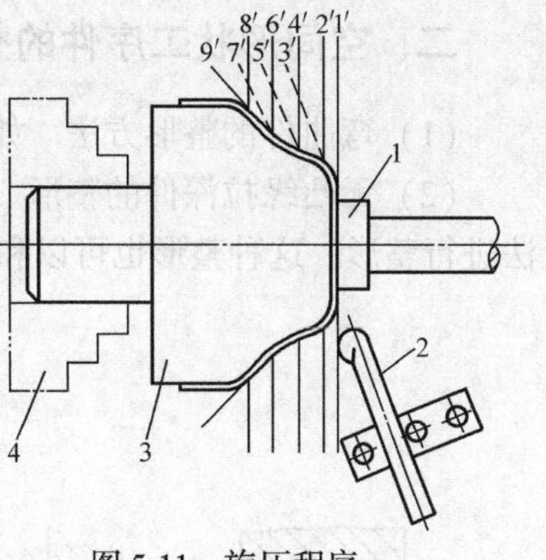

图 5-11　旋压程序

1—顶块　2—赶棒　3—模具　4—卡盘

（1′～9′系坯料的连续位置）

第五节　校　　形

校形通常指平板工序件的校平和空间形状工序件的整形。校形工序大都是在冲裁、弯曲、拉深等工序之后进行，以便使冲压件的平面度、圆角半径或某些形状尺寸经过校形后达到产品的要求，所以它在冲压生产中具有相当重要的意义，故应用广泛。

一、平板工序件的校平

1）光面校平模适用于软材料、薄料或表面不允许有压痕的制件。在实际生产中有时将工序件背靠背地（弯曲方向相反）叠起来校平，能收到一定的效果。为了使校平不受压力机滑块导向精度的影响，校平模最好采用浮动式结构，如图 5-12 所示。

2）齿形校平模适用于平直度要求较高或抗拉强度高的较硬材料的工件。齿形模有尖齿和平齿两种，图 5-13a 所示为平齿齿形，上齿与下齿互相交错。图 5-13b 所示为尖齿校平模，模具的尖齿挤压进入材料表面层内一定的深度，使之形成很多塑性变形的小网点，改变了材料原有的应力状态，故能减少回弹，校平效果较好，但在校平工件的表面上留有较深的压痕，而且工件也容易粘在模具上不易脱模，所以在生产中多用平齿校平模。

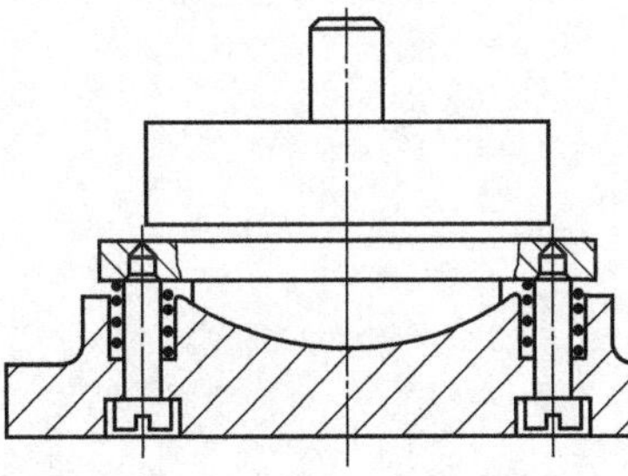

图 5-12　下模浮动式光面校平模

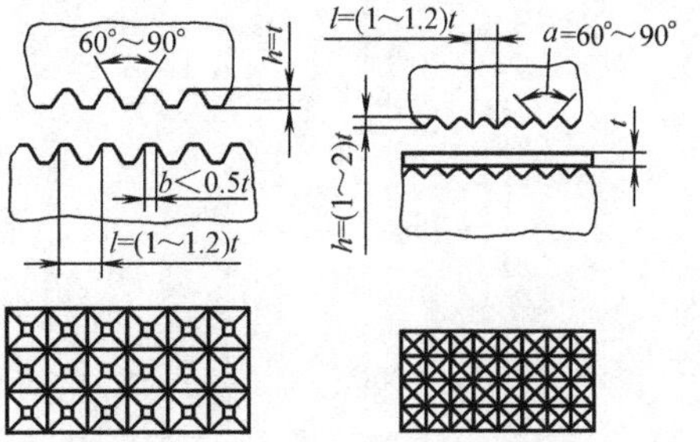

图 5-13　齿形校平模

二、空间形状工序件的整形

（1）弯曲件的整形方法　如图5-14a所示为压校，图b和图c所示为镦校。

（2）无凸缘拉深件的整形　通常取整形模间隙等于(0.9～0.95)t，即采用变薄拉深的方法进行整形。这种整形也可以和最后一次拉深合并，但应取较大一些的拉深系数。

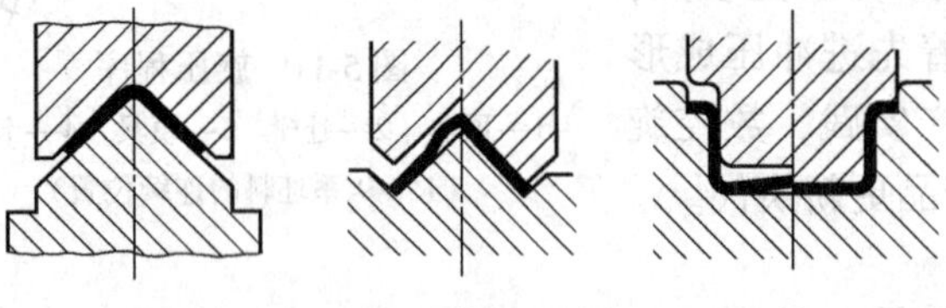

图5-14　弯曲件的整形

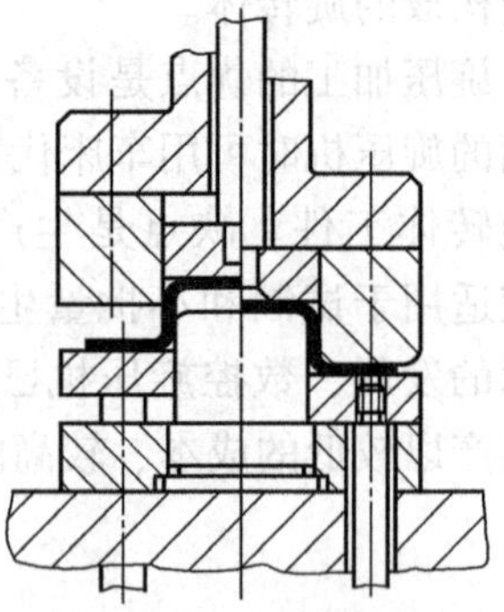

图5-15　拉深件的整形

（3）带凸缘拉深件的整形部位　整形部位常有凸缘平面、侧壁、底平面和凸模、凹模圆角半径，如图5-15所示。整形时由于工序件圆角半径变小，要求从邻近区域补充材料，如果邻近区域的材料不能流动，则靠变形区材料本身变薄来实现，这时变形部位材料的伸长变形以2%～5%左右为宜，变形过大则工件会破裂。

第六章　冲压模具钳工实训

第一节　模具钳工基础

钳工是采用以手工操作为主的方法进行工件加工、产品装配及零件（或机器）修理的一种工种。钳工主要分为普通钳工和工具钳工，模具钳工是工具钳工的一种，它的主要作用有：

1）完成加工前的准备工作，如毛坯表面的清理、在工件上划线等。

2）某些精密零件的加工，如制作样板及工具、模具用的有关零件，刮配研磨有关表面。

3）模具在装配前进行的钻孔、铰孔、攻螺纹、套螺纹及装配时对零件的修理等。

4）模具的组装、调整、试模及维修。

作为一名优秀的模具钳工，首先应具备各项基本操作技能，如划线、錾削、锉削、锯削、钻孔、扩孔、锪孔、铰孔、攻螺纹、套螺纹、校正、弯形、刮削、研磨、技术测量和简单的热处理等；进而应掌握模具零部件的加工制作方法，模具的修理和调试的技能。

一、划线

划线是根据图样和技术要求，在毛坯或半成品上用划线工具划出加工界线，或划出作为基准的点、线的操作过程。它是模具零件成型加工前的一道工序。

（一）划线的方法

划线的方法有普通划线法、样板划线法和精密划线法。

1. 普通划法

利用常规划线工具（钢直尺、高度尺等）、以基本线条或典型曲线的划法进行划线，划线精度可达 0.1 ~0.2mm。

2. 样板划线法

常用于多型腔及复杂形状的划线。利用线切割机床或样板铣床加工出样板，以某一基准为准，在模块上按样板划出加工线。

3. 精密划线法

利用工具铣划线：应用工具铣的工作台及回转工作台的坐标移动及圆周运动进行划线，并应用量块、千分表及量棒等工具检测工作台的位移精度，划线精度可达 0.05mm。

利用数控（显）工具铣划线：应用数控工具铣或数显工具铣划线，划线精度可达 0.01mm。

利用坐标镗床划线：应用坐标镗床划线，划线精度可达 0.005 ~0.01mm。

利用样板铣床划线：应用样板铣床划线，划线精度可达微米级。

精密划线的加工线，可直接作为加工及测量的基准。操作中计算刻度时应消除丝杆的空回；校正打表时应与所划线条同方向的基准边平行；划针对好工件，接触深浅要适当，以划出清晰的线条为原则。

（二）划线工具

常用的划线工具按用途可分为基本工具、量具、绘划工具、辅助工具等。

（1）基本工具　如图6-1所示，划线基本工具包括划线平台、方箱、V形铁、三角铁以及分度头。分度头如图6-2所示，分度头可以进行分度，包括简单分度、角度分度、差动分度和直线移距分度等多种分度方法。

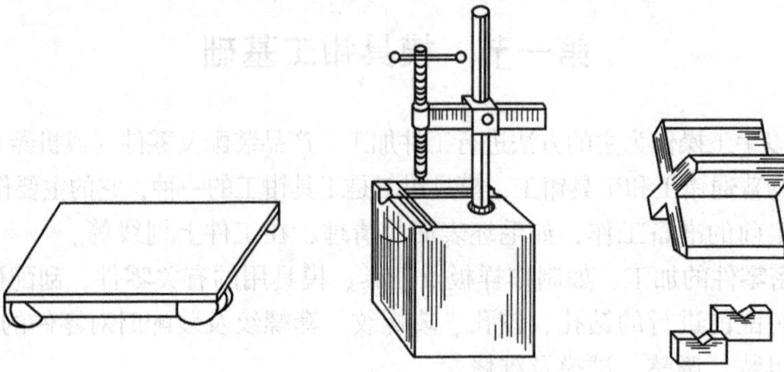

a)　　b)　　c)

图6-1　划线基本工具

a）划线平台　b）方箱　c）V形铁

（2）量具　常用量具包括钢直尺、高度游标卡尺（如图6-3所示）、游标万能角度尺（如图6-4所示）、90°角尺（如图6-5所示）、钢卷尺等。

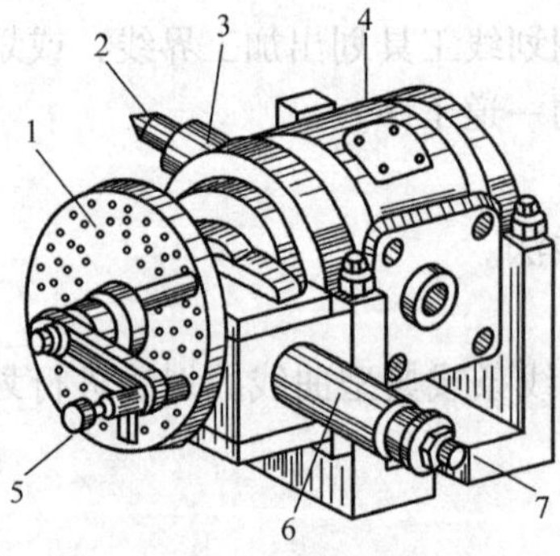

图6-2　万能分度头

1—分度盘　2—顶尖　3—主轴　4—回转体　5—手柄　6—侧轴　7—底座

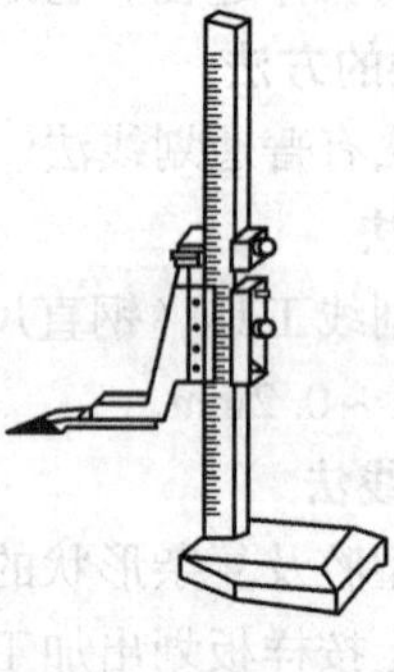

图6-3　高度游标卡尺

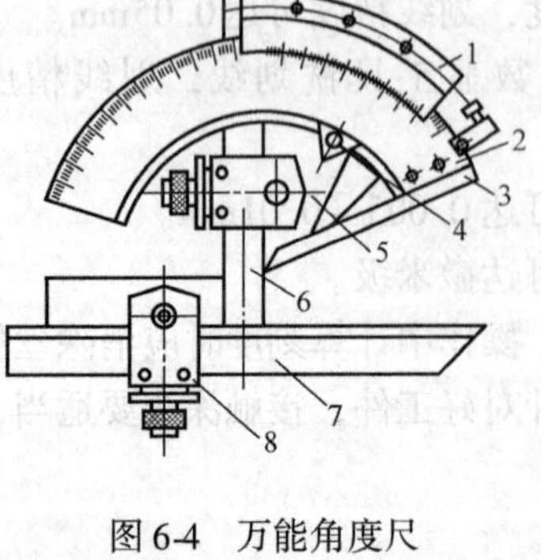

图6-4　万能角度尺

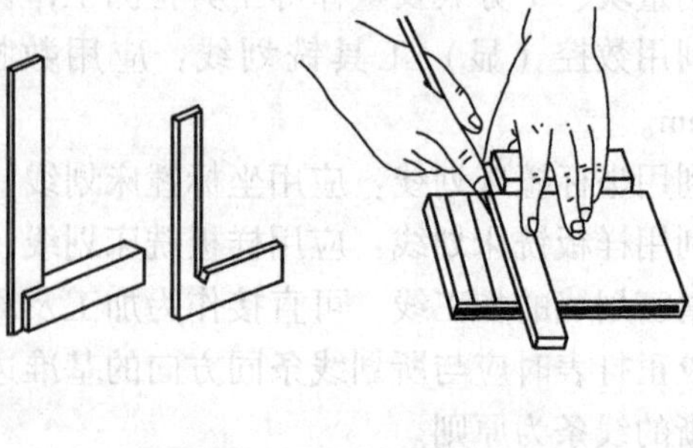

图6-5　90°角尺及使用方法

(3) 绘划工具　常用绘划工具包括划针（如图 6-6 所示）、划线盘（如图 6-7 所示）、划规（如图 6-8 所示）、划卡（如图 6-9 所示）、平尺及锤子、样冲等。

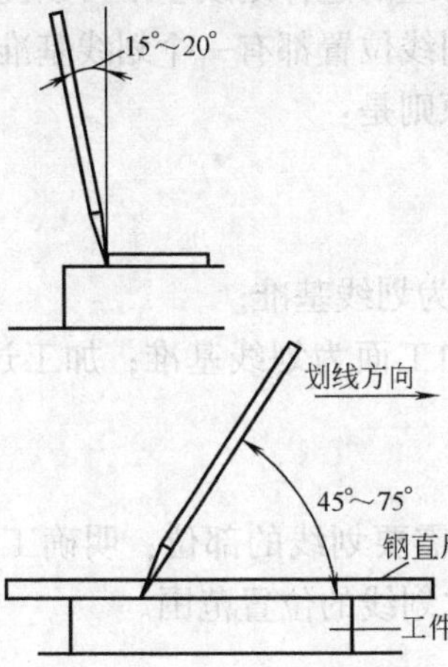

图 6-6　用划针划线的方法

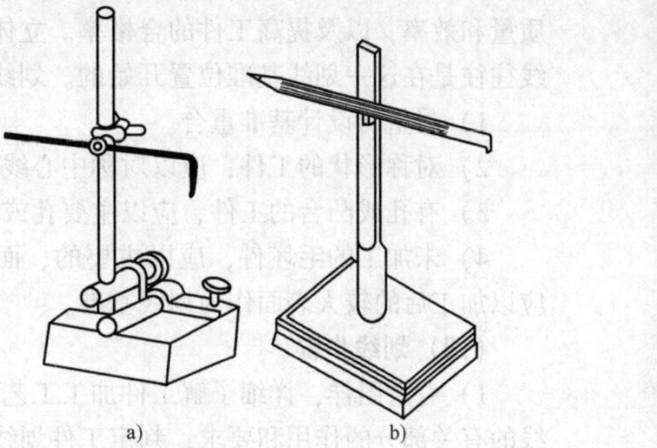

图 6-7　划线盘

a）可微调的划线盘　b）普通划线盘

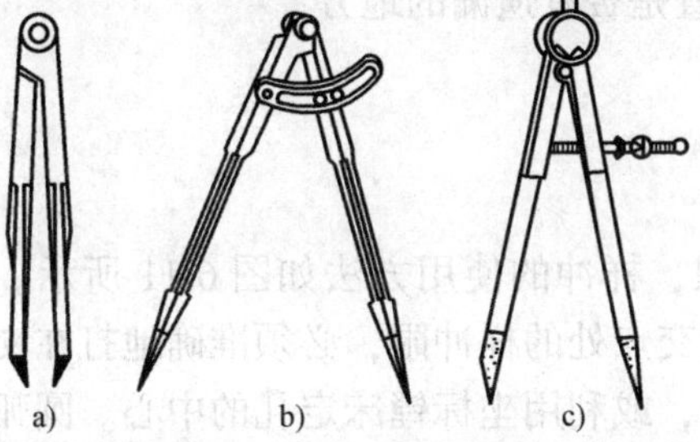

图 6-8　划规

a）普通划规　b）扇形划规　c）弹簧划规

图 6-9　划卡

(4) 辅助工具　常用的辅助工具如图 6-10 所示，包括垫铁、千斤顶、C 形夹头以及找中心或划圆时打入工件孔中的木条、铅条等。

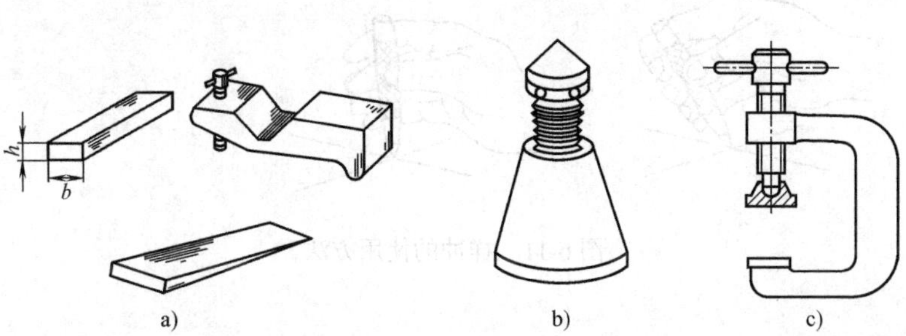

图 6-10　常用划线辅助工具

a）垫铁　b）千斤顶　c）C 夹头

（三）划线基准的选择

划线时选择工件上的某个点、线、面作为依据，用它来确定工件上各部位尺寸、几何形状及工件上各要素的相对位置，此依据即为划线基准。合理的选择划线基准可以提高划线的质量和效率，以及提高工件的合格率。立体划线的每一划线位置都有一个划线基准，而且划线往往是在这一划线基准位置开始的。划线基准的选择原则是：

1）尽量与设计基准重合。

2）对称形状的工件，应以对称中心线为划线基准。

3）有孔或凸台的工件，应以主要孔或凸台的中心线为划线基准。

4）未加工的毛坯件，应以主要的、面积较大的不加工面为划线基准；加工过的工件，应以加工后的较大表面作为划线基准。

（四）划线步骤

1）看清图样，详细了解工件加工工艺过程，并确定需要划线的部位；明确工件及其划线的有关部分的作用和要求；判定工件划线的次数和每次划线的位置范围。

2）选定划线基准，确定装夹位置和装夹方法。

3）找正。

4）划线。划线时应先划基准线，再划其他线。

5）划完后对照图样检查划线的准确性，检查是否有遗漏的地方。

6）在划好的线条上打样冲眼。

二、打样冲眼

沿划出的加工线及中心位置的交点打样冲眼，样冲的使用方法如图 6-11 所示。样冲眼的深度应保证精加工后不会残留痕迹，中心位置交点处的样冲眼，必须准确地打在交点的中心。要求精度较高时应在机床上用中心钻定中心，或利用坐标镗床定孔的中心。圆弧中心的样冲眼要求打得准、轻，划规才能站住脚。

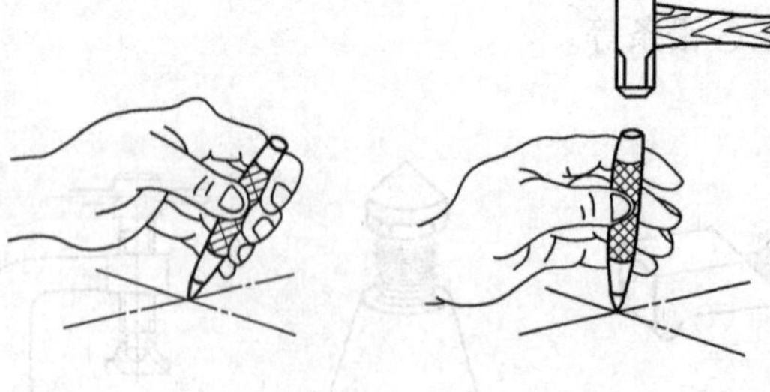

图 6-11　样冲的使用方法

三、钻孔加工

模具工件的各种孔，如螺孔、螺钉穿孔、销钉孔、顶杆孔、型芯固定孔等，都需经钻、铰加工，达到孔径、孔距精度及粗糙度的要求。

（一）钻孔操作

开始钻孔时，使钻头慢慢地接触工件，可先试钻一浅坑，检查轴孔中心与所划孔的圆线是否有偏斜，如有偏斜经找正后再钻削。钻头即将钻穿时，最好改换成手动进给，用力要小些，以免钻头折断。

钻孔操作时应注意的事项：

1）孔径超过30mm时，应分两次钻成，先钻一小孔，小孔直径应超过大钻头的横刃宽度，以减小轴向力。

2）工件材料较硬或钻孔较深时，应在钻孔过程中，不断将钻头抽出孔外，防止钻头过热；排除切屑，避免切屑堵塞在孔内，卡断钻头。钻削韧性材料时，要加切削液冷却或润滑。

3）避免在斜面上钻孔。因两切削刃有严重的偏切削现象，会发生偏歪、滑移而钻不进工件。在斜面上钻孔前，必须先用中心钻钻出定心坑，或用立铣刀铣出一个平面，再钻孔。

4）钻孔时身体不要距主轴太近，以免头发或衣服被钻头卷入。不得戴手套，也不准手中拿棉纱等物进行操作。

5）切屑要用毛刷清理，不要用手抹或用嘴吹。

（二）钻孔的方法

（1）单个工件钻孔　单个工件直接按划线位置钻孔。

（2）引钻钻孔　先钻一个工件的孔，以此为准引钻其他工件的孔。引钻时可利用一个工件为导向直接钻孔；也可先引出锥坑，以此为导向钻孔。引钻锥坑的钻头，顶角应小些，取105°～110°；定心性能较好，钻头的横刃要短些，取标准宽度的1/5～1/4。引钻中，当钻头接触到工件时，进刀要缓慢，边钻边退刀检查是否对准中心。多退几次刀，直到钻入钻坑全深后再缓慢进刀0.2～0.3mm，方可正常钻孔，即能达到较高的同轴度。

（3）组合钻孔　为保证工件的孔距，可将两工件用平行夹头夹紧，或用螺钉组合成一体，以划线为准，同时进行钻孔。

四、铰孔加工

铰孔是用铰刀对孔进行最后精加工的方法之一，铰孔加工精度一般为IT8～IT7，表面粗糙度 R_a 为1.6～0.2μm。如模具中常有一部分销钉孔、顶杆孔、型芯固定孔等需要在划线后或组装时加工，其加工精度一般为IT6～IT8，粗糙度不低于 $R_a=3.2\mu m$，故需铰孔。

铰孔时注意事项：

1）合理地选择铰削用量。铰削余量要合适，余量留得太大，孔铰不光，铰刀易磨损，还增加铰削次数，降低生产率；余量留得太小，则不能纠正上一道工序留下的加工误差，不能达到铰孔的要求。一般粗铰时，余量为0.15～0.5mm，精铰时，余量为0.05～0.25mm。切削速度和进给量也要进行合理选择，否则也将影响加工质量、刀具寿命和生产率。用高速钢铰刀加工铸铁时，切削速度不应超过0.17m/s，进给量在0.8mm/r左右；加工钢料时，切削速度不应超过0.17m/s，进给量在0.4mm/r左右。

2）铰刀在孔中绝对不能倒转，否则铰刀和孔壁之间易挤住切屑，造成孔壁划伤或刀刃崩裂。

3）铰钢制工件时，应经常注意清除刀刃上的切屑，并应加切削液进行润滑、冷却，以提高孔的光洁程度。

4）铰孔的一般原则见表6-1。

表 6-1 铰孔的一般原则

类型		内　容
工件直径/mm	<10	由钳工钻、铰加工
	10~20	采用钻、锪、铰等工序加工
	>20	由钳工钻预孔，再进行铣、镗床加工
需淬火孔		铰孔时应留 0.02mm~0.03mm 的研磨量；热处理时孔要加以保护，待组装时再研磨
不同材料组合铰孔		不同材料的工件组合铰孔时，应从较硬的材料铰入
淬硬件铰孔		通过淬硬件的孔铰孔，应用标准硬质合金铰刀铰削，或用旧铰刀铰削，然后用铸铁研磨棒，研磨至所需尺寸 为避免磨损铰刀，可以在工件淬硬前钻孔，淬硬后镶入销套，再钻孔、铰孔
铰不通孔		铰不通孔时，铰刀深度应加深些，留出铰刀切削部分的长度，以保证有效直径的孔深；也可用标准铰刀铰孔，再用磨去切削部分的旧铰刀，铰去孔的未铰出的底部
机铰		工件一次装夹后，连续进行钻、锪、铰，以保证孔的垂直度、平行度

五、螺纹加工

（一）螺纹底孔尺寸的选择

攻螺纹前应正确确定螺纹底孔直径、钻孔深度、攻螺纹深度等相关尺寸，见表6-2，可按螺纹公称直径选择攻螺纹深度 H_1、钻孔深度 H_2、通孔拧入深度 h、不通孔拧入深度 H。螺纹底孔直径 d_0 可按下式计算

$$d_0 \approx d - 0.63p$$

当材料较硬时根据钻头直径规格可选较大底孔；当材料较软时根据钻头直径规格可选较小底孔。

表 6-2 攻螺纹深度、钻孔深度、通孔拧入深度、不通孔拧入深度、螺距　（单位：mm）

公称直径 d	通孔拧入深度 h	不通孔拧入深度 H	攻螺纹深度 H_1	钻孔深度 H_2	螺距 P
3	4	3	4	7	0.5
4	5.5	4	5.5	9	0.7
5	7	5	7	11	0.75
6	8	6	8	13	0.8
8	10	8	10	16	1
10	12	10	13	20	1.25
12	15	12	15	24	1.5
16	20	16	20	30	1.75
20	25	20	24	36	2

（二）攻螺纹操作方法

钻好底孔后，需对底孔孔口倒角后再攻螺纹，攻螺纹操作方法如下：

1）手动攻螺纹时，丝锥初进孔口，右手将丝锥扳手向下给予适当压力，左手对扳手给予适当旋转力矩，引导丝锥切入工件。这时要注意丝锥与工件的垂直度，当丝锥正确切入工件进行切削时，则不要再加压力，只要保持适当的旋转力矩进行攻螺纹就行，起攻方法如图6-12所示。

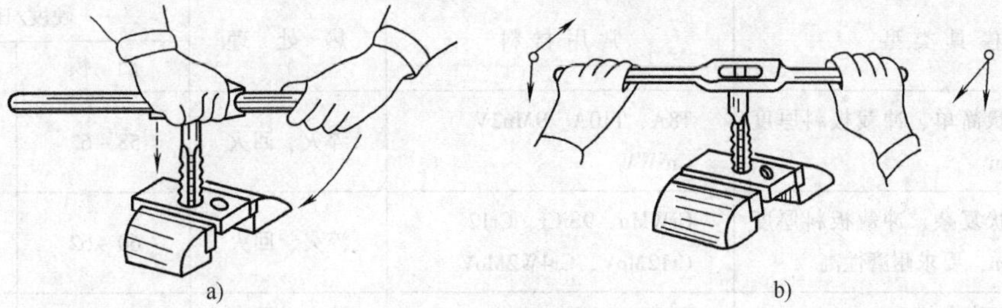

图6-12 起攻方法

2）精度要求高的螺纹，可将丝锥夹在台钻卡头上，工件在钻床工作台上固定，一只手使丝锥接触工件孔口，另一只手对工件进行引导切入，当丝锥已垂直切入工件后，即可进行正常操作。

3）攻螺纹过程中，应适时地向前攻和向后倒，以顺利切削螺纹为原则；攻塑性材料时，注意施加足够的切削液。

4）不通孔攻螺纹，要清除孔内切屑，丝锥到底时不能过分用力，防止丝锥折断。

5）头攻切削完成后，再用二攻攻螺纹。在加工较硬的工件时，应头攻、二攻交替攻螺纹，以减轻头攻的切削负荷。每次旋进量要减少，攻螺纹的速度也要放慢，避免折断丝锥。当出现旋转回应力（不能向前攻并有弹性感觉）时，要停止用力，退出并调换锋利的丝锥。

6）通孔攻螺纹，丝锥校准部分不应完全攻出，以免损坏孔口螺纹。

7）手动攻螺纹时，也可以使用机用丝锥攻螺纹，而不分头攻、二攻。

（三）套螺纹操作方法

1）套螺纹前应检测圆杆直径，要套螺纹的圆杆必须有倒角。

2）开始转动板牙时，要稍加压力，套入几圈后，即可只转动，不加压。时常反转，以便断屑。在操作中要适当的加全损耗系统用油润滑。

3）套螺纹时板牙端面应与圆杆垂直，如图6-13所示。

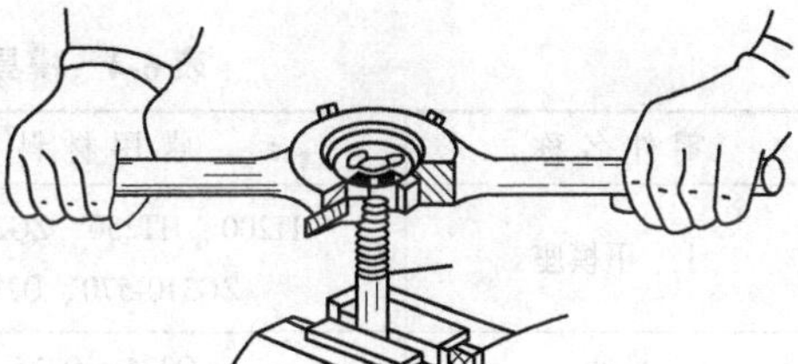

图6-13 套螺纹示意图

第二节 冲压模具材料及热处理

模具在工作时，由于不同部位承受不同的作用力和不同的温度变化，模具会出现不同的损伤，如：磨损、塑性变形、疲劳、断裂及裂纹等，当模具损伤形式发展到生产的产品成为废品时，模具便会失效。

为防止模具发生早期失效，提高模具寿命，除设计出合理的模具结构外，还应合理地选择模具材料和选择适当的热处理工序，以提高模具的耐磨性和强韧性。

一、冷冲模工作零件常用材料及热处理（见表6-3）

表6-3　冷冲模工作零件常用材料及热处理

模具类型		常用材料	热处理	硬度/HRC	
				凸模	凹模
冲裁模	形状简单、冲裁板料厚度<3mm	T8A、T10A、9Mn2V Cr6WV	淬火、回火	58~62	60~64
	形状复杂、冲裁板料厚度>3mm，要求耐磨性高	CrWMn、9SiCr、Cr12 Cr12MoV、Cr4W2MoV	淬火、回火	60~62	60~64
弯曲模	一般弯曲模	T8A、T10A	淬火、回火	54~58	56~60
	要求耐磨性高、形状复杂、生产批量大的弯曲模	CrWMn、Cr12 Cr12MoV	淬火、回火	60~64	60~64
	热弯曲模	5CrNiMo、5CrMnMo	淬火、回火	52~56	52~56
拉深模	一般拉深模	T8A、T10A	淬火、回火	52~56	60~64
	要求耐磨性高、生产批量大的拉深模	Cr12、Cr12MoV YG8、YG15	淬火、回火 不热处理	58~62	62~64
	不锈钢拉深模	W18Cr4V YG8、YG15	淬火、回火 不热处理	58~62	62~64
	热拉深模	5CrNiMo、5CrMnMo	淬火、回火	52~56	52~56

二、模具附件常用材料及热处理（见表6-4）

表6-4　模具附件常用材料及热处理

零件名称	常用材料	热处理	硬度/HRC
上、下模座	HT200、HT250、ZG270-500 ZG310-570、Q235		
模柄	Q235、Q275		
导柱、导套	20钢	渗碳淬火	60~62
凸凹模固定板	Q235、Q275		
托料板	Q235		
卸料板	Q235、Q275、45钢		
导料板	45钢	淬火、回火	40~44
挡料销	45钢	淬火、回火	43~48
导正销、定位销	T7、T8	淬火、回火	52~56
垫板	45钢	淬火、回火	43~48
定位板	T8A	淬火、回火	54~58
螺钉	45钢	头部淬火	43~48
圆柱销	45钢、T8A	淬火、回火	43~48、52~56

（续）

零件名称	常用材料	热处理	硬度/HRC
推杆	45钢		
推板	45钢		
压边圈	T8A	淬火、回火	54～58
侧刃、侧刃挡板	T8A	淬火、回火	54～58
楔块、滑块	T8A、T10A	淬火、回火	60～62
顶板	45钢		
弹簧	65Mn、60Si2Mn	淬火、回火	40～45

三、常用模具材料热处理工艺规范

模具零件常用热处理工序有：正火、退火、调质、淬火、回火、渗碳及氮化等。退火的目的在于消除应力，降低硬度，改善切削性能；调质的目的在于提高材料的强度和韧性；淬火的目的在于提高材料的硬度和耐磨性；回火的目的在于清除淬火应力，调整硬度，模具淬火后必须回火；渗碳的目的在于提高零件表面的含碳量，使表面获得很高的硬度和耐磨性，而心部具有良好韧性；氮化的目的在于提高材料的耐磨性和耐蚀性。表6-5为常用模具材料热处理工艺规范。

表6-5　常用模具材料热处理工艺规范

材料牌号	正火	球化退火（完全退火）	淬火	回火
40Cr	860～900℃ 空冷	840～860℃ 炉冷	840～860℃ 油冷	180～220℃ 50～55HRC
45钢	860～880℃ 空冷	820～840℃ 炉冷	820～840℃ 水冷	350～400℃ 40～45HRC
T10	830～850℃ 空冷	750～760℃ 2～4h 680～700℃ 4～6h	770～790℃ 盐水冷却	160～180℃ >60HRC
9SiCr	900～920℃ 空冷	770～790℃ 2～4h 700～720℃ 6～8h	850～870℃ 油或硝盐冷却	160～180℃ 61～63HRC
CrWMn	970～990℃ 空冷	770～790℃ 2～4h 680～700℃ 4～6h	820～840℃ 油冷	160～190℃ 58～62HRC
Cr12		850～870℃ 2～4h 730～750℃ 6～8h	960～980℃ 油冷	160～200℃ 58～62HRC

第三节　典型冷冲模装配

要制造出一副合格的冷冲模，除了保证模具零件的加工精度之外，还必须做好装配工作。装配就是按照规定的技术要求把所有的零件连接起来，使之成为合格的模具。装配质量的好坏将直接影响冲件的质量和模具的使用寿命。例如，在加工凸模和凹模时，其尺寸虽已得到保证，但是，如果装配时调整不好，将造成间隙很不均匀，甚至冲制出不合格的冲件。因此，装配是模具制造过程的一项重要工作。

设计模具时，为了缩短设计、制造周期，应尽可能选用标准模架。因此，冲裁模的装配工作一般是利用标准模架进行的。

一、单工序冲裁模具的装配

装配第二章图 2-18 所示的导柱导向式落料模，其装配总图明细表见表 6-6。

表 6-6　导柱导向式落料模装配总图明细表

序号	名　称	件数	材　料	规　格	备　注
19	挡料销	2	45 钢	钩形	标准件
18	下模座	1	铸铁	125×100×35	标准模架
17	顶杆	4	45 钢	$\phi15\times40$	热处理 45HRC
16	反顶板	1	45 钢		
15	落料凹模	1	Cr12		热处理 60HRC
14	导料销	2	45 钢	钩形	标准件
13	弹压卸料板	1	45 钢	120×100×15	
12	落料凸模	1	Cr12		热处理 58HRC
11	卸料橡胶块	2		橡胶	标准件
10	凸模固定板	1	Q235	120×100×15	
9	垫板	1	45 钢	120×100×8	热处理 45HRC
8	上模座	1	铸铁	125×100×30	标准模架
7	紧固螺钉	8		M8×40	标准件（内六角螺钉）
6	定位销	4	45 钢	$\phi8\times40$	标准件
5	模柄	1	45 钢	$\phi30\times50$	
4	止转销	1	45 钢	$\phi6\times10$	
3	卸料螺钉	4		M8×90	标准件（内六角螺钉）
2	导套	2			标准模架
1	导柱	2			标准模架

（一）装配前的准备工作

冲裁模在装配前，应作好如下准备工作。

1. 熟悉装配工艺规程

冲裁模的装配工艺规程是规定部件装配、总装配的工艺过程和操作方法的工艺文件，装配钳工在装配前，必须熟悉装配工艺规程，以了解所要求模具装配的全过程。

2. 熟悉装配总图

装配图是模具进行装配的主要依据。一般来说，模具的结构在很大程度上决定了模具的装配程序和方法。通过分析和研究总装配图，可以深入了解模具的结构特点和工作性能，了解模具中各零件的作用、配合关系及连接方式，从而确定合理的装配基准，并结合工艺规程定出装配方法及装配顺序。

3. 清理检查零部件

根据总装配图上的零件明细表来清点和清洗零件，并仔细检查主要工作零部件如凸、凹模的尺寸和形位公差（在专业化模具加工企业该工序可省略，因为零部件加工车间有专职检验员完成了该道工序），查明各部位配合面的间隙，加工余量及有无变形和裂纹缺陷等。

4. 冲模验收技术条件

冲模的验收技术条件是模具质量标准及验收的依据，也是装配的工艺依据，装配钳工必须按技术要求进行装配，符合装配验收条件。

5. 布置装配场地

模具装配前，应清理好装配场地，做到干净整洁，无杂物。同时将必要的工、夹、量具及所需的装配设备准备好并擦拭干净。

6. 准备好标准件及所需的材料

装配前，应根据总装配图明细表中要求的标准件种类和规格准备好装配所需的标准件，如螺钉、销钉、弹簧及装配时所需辅助材料如橡胶、环氧树脂、无机粘结剂等。

（二）主要部件的装配

1. 凸模的装配

凸模与固定板的配合要求为$\frac{H7}{m6}$。装配时，先在压力机上将凸模压入固定板内，检查凸模的垂直度，然后将固定板的上平面与凸模尾部一齐磨平，为了保持凸模刃口锋利，还应将凸模的端面磨平，如图6-14所示。

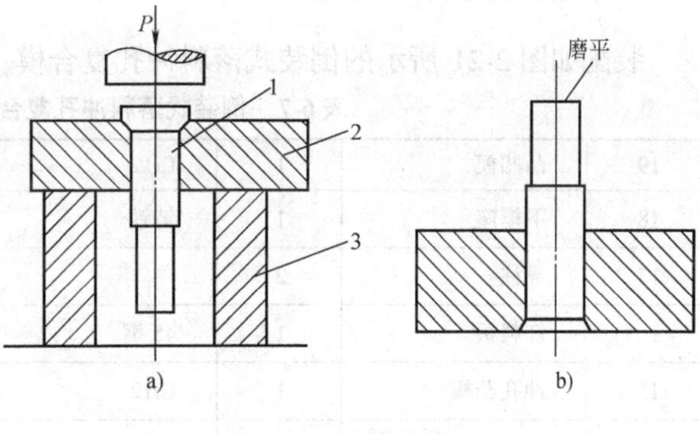

图6-14　凸模的装配

a）压入凸模　b）尾部磨平后再磨平凸模端面刃口

1—凸模　2—固定板　3—支撑垫板

2. 模柄与上模座的装配

模柄与上模座的配合要求是$\frac{H7}{m6}$。装配时，先在压力机上将模柄压入上模座，压入时保证模柄轴线垂直于上模座；然后，把模柄端面突出部分锉平或磨平。安装好模柄后，用90°角尺检查模柄与上模座上平面的垂直度。

3. 弹压卸料板的装配

弹压卸料板起压料和卸料作用，装配时，应保证它与凸模之间具有适当的间隙。其装配方法是：将弹压卸料板套在已装入固定板的凸模内，在固定板与卸料板之间垫上平行垫块，并用平行夹板将它们夹紧；然后，按照卸料板上的螺孔在固定板上投坑，拆开后钻固定板上的卸料螺钉过孔。

（三）模具总装配

单工序冲裁模，一般是先装下模，再以下模为基准通过调整凸凹模间隙来装上模。

下模装配：

1）把凹模装入下固定板中，固紧后，将凹模与下固定板的上、下两平面同时在磨床上磨平。

2）在凹模上安装定位板。

3）把下固定板与下模座用平行夹板夹紧，然后按照下固定板上的螺孔在下模座上投坑，拆开后钻下模座上的螺钉过孔、漏料孔，拧紧螺钉，最后钻、铰销钉孔，打入销钉。

上模装配：

1）把已装入上固定板的凸模插入凹模中，在上固定板与凹模间垫上等高垫铁，将上模板放上，并与固定板一起夹紧。

2）按固定板上螺孔位置，划出上模板有关螺孔位置，拆开后钻孔。

3）用螺钉将固定板、垫板和上模座联接，但不要拧得太紧。

4）将模具翻过来，把模柄放在台虎钳上，用手电筒照射，从下模座的漏料孔中观察间隙大小是否均匀。若不均匀，可用锤子轻轻敲击上固定板侧面，使凸模位置改变，反复观察，间隙均匀后切纸试冲，至达到要求。调整间隙也可用塞尺、铜泊等方法进行。

5）将模具再翻过来，钻、铰上模板销钉孔，并装入销钉。

6）装卸料板及其他零件。

（四）最后切纸试冲和上机试冲

二、复合模装配要点

装配如图 2-21 所示的倒装式落料冲孔复合模，其装配总图明细表见表 6-7。

表 6-7　倒装式落料冲孔复合模装配总图明细表

19	凸凹模	1	Cr12		热处理 58HRC
18	下模座	1	铸铁		标准模架
17	导柱	2			标准件
16	卸料板	1	45 钢	200×210×15	
15	冲孔凸模	1	Cr12		热处理 58HRC
14	落料凹模	1	Cr12	140×210×30	热处理 60HRC
13	推件块	1	45 钢	50×80×20	
12	凸模固定板	1	Q235	140×210×15	
11	定位销	4		ϕ8×50	标准件
10	紧固螺钉	8		M10×60	标准件
9	垫板	1	45 钢	140×210×8	热处理 45HRC
8	推杆	4	45 钢	ϕ12×50	标准件
序号	名　称	件数	材　料	规　格	备　注

（续）

序号	名称	件数	材料	规格	备注
7	推板	1	45 钢	50×80×15	
6	模柄盘	1	45 钢	ϕ50×70	标准件
5	打杆	1	45 钢	ϕ16×100	
4	紧固螺钉	3		M6×25	标准件
3	上模座	1	铸铁	250×250×45	标准模架
2	挡料销	1	45 钢	ϕ8×30	标准件
1	导套	2			标准模架

（一）准备工作

按要求做好装配前的准备工作，熟悉图样，按图样配齐各组零件，并检查零件制造质量及凸、凹模形状和间隙。

（二）装配上模

1）翻转上模座，在上模座平面上找出模柄中心，划中心线和安装模柄。将冲孔凸模压入凸模固定板。操作方法与单工序冲裁模具装配相同。

2）放正凸模固定板、垫板、落料凹模及推件装置等，初步找正冲孔凸模和落料凹模之间的位置，将它们与上模座夹紧，检查卸料零件的灵活性。

3）按凹模螺孔位置，配钻上模各零件的螺栓过孔，拆开后分别进行扩孔、锪孔，然后再用螺栓联接。再次检查卸料零件的灵活性。

（三）装配下模

在下模座上放正凸凹模，夹紧合模后，根据上模找正凸凹模正确位置，并加工出螺栓孔、漏料孔，用螺栓紧固，钻、铰销钉孔后，打入销钉。

（四）总装配

1）按照凸凹模精确找正冲孔凸模和落料凹模位置，操作方法与单工序冲裁模具装配相同。保证凸凹模与冲孔凸模、落料凹模间隙均匀后，紧固螺栓，钻、铰销钉孔后，打入销钉。

2）安装卸料板及其他零件。

（五）试冲

1）切纸试冲。

2）上机试冲。

第四节 冲压设备

压力机是用来对放置在模具中的材料实现压力加工的机械。压力机可根据产生与传递压力的机理来分类：以机械机构传递压力的，即为机械类压力机，例如，曲柄压力机。使用液压传递压力的为液压机。使用气体传递压力的为气动压力机。以电磁力做功的称为电磁压力机。

一、曲柄压力机

曲柄压力机按机身结构形式不同，可分为开式压力机和闭式压力机。

(一) 开式压力机

开式压力机的机身形状类似英文字母 C，图 6-15 所示为 JC23-63 开式双柱可倾压力机，其机身前面及左右均敞开，操作空间大，但机身刚度差，压力机在工作负荷大的情况下，会产生角变形，影响精度。故这种压力机吨位较小，一般在 30～2000kN 之间。

1. 运动原理

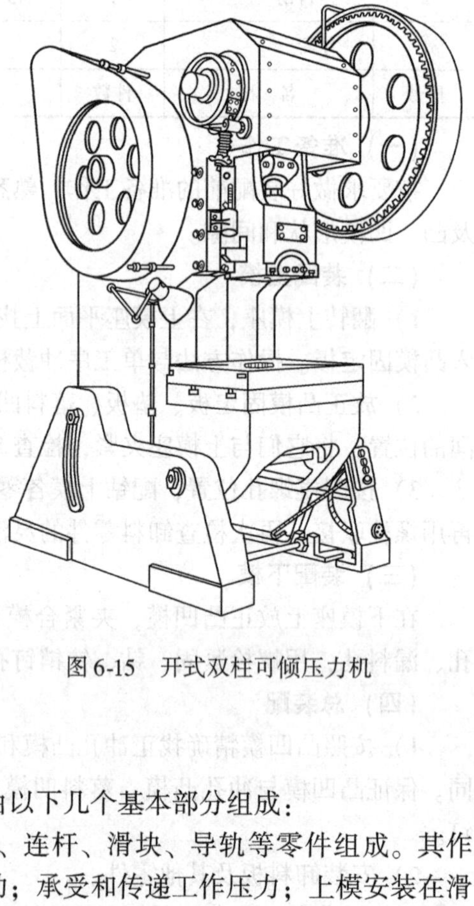

图 6-15　开式双柱可倾压力机

如图 6-16 所示，电动机 1 的能量和运动通过带传动传给中间传动轴 4，再由齿轮传给曲轴 9，连杆 11 上端套在曲轴上，下端与滑块 12 铰接，因此，曲轴的旋转运动通过连杆转变为滑块的往复直线运动。将上模 13 通过模柄插入滑块中心的模柄孔中，同时保证上模座的上平面与滑块的下平面贴紧，然后用压紧螺栓把模柄压紧。下模 14 装在工作台垫板 15 上，用压板和螺栓固定。压力机便能对置于上、下模中的材料施加压力，将其制成工件，实现压力加工。由于工艺操作的需要，滑块有时运动，有时停止，因此装有离合器 7 和制动器 10。压力机在整个工作周期内进行工艺操作的时间很短，即有负荷的工作时间很短，大部分时间为无负荷的空程运动。为了使电动机的负荷较均匀，有效地利用能量，因而装有飞轮，在该设备上，大带轮 3 和大齿轮 6 均起飞轮的作用。

2. 基本组成

从上述的工作原理可以看出，曲柄压力机一般由以下几个基本部分组成：

(1) 工作机构　一般为曲柄滑块机构，由曲轴、连杆、滑块、导轨等零件组成。其作用是将传动系统的旋转运动变成滑块的往复直线运动；承受和传递工作压力；上模安装在滑块上。

(2) 传动系统　包括带传动和齿轮传动等机构。将电动机的能量和运动传递给工作机构，并对电动机的转速进行减速，使滑块获得所需的行程次数。

(3) 操纵系统　如离合器、制动器及其控制装置。用来控制压力机安全、准确地运转。

(4) 能源系统　如电动机和飞轮。飞轮能将电动机空程运转时的能量吸收积蓄起来，在冲压时释放出来。

(5) 支承部件　如机身，把压力机所有的机构连接起来，承受全部工作变形力和各种装置的各个部件的重力，并保证全机床所要求的精度和强度。

此外，还有各种辅助系统与附属装置，如润滑系统、顶件装置、保护装置、滑块平衡装置、安全装置等。

3. 主要技术参数

曲柄压力机的主要技术参数反映了压力机的工艺能力、应用范围、生产率等，是正确选用压力机和设计模具的基本依据。如图 6-17 所示，各主要技术参数为：

标称压力 F_g：压力机滑块在离下死点前某一特定距离之内，允许承受的最大标称压力。

滑块行程 S：滑块从上死点到下死点所经过的距离。

滑块行程次数 n：滑块每分钟往复运动的次数。

最大装模高度 H_1：滑块在下止点时，滑块下表面到工作台垫板上表面的距离。

装模高度调节量 ΔH_1：滑块调整到最高位置时，装模高度达最大值，称为最大装模高度，滑块调到最低位置时，称为最小装模高度。

封闭高度 $H_{封}$：H_1+T，T 为工作台垫板厚度。

工作台板尺寸 $L\times B$：工作台（垫板）上表面左右尺寸×前后尺寸。

滑块底面尺寸 $a\times b$：滑块下表面左右尺寸×前后尺寸

工作台孔尺寸 $l_1\times B_1$、D：工作台中间用于排除工件或废料、或安装顶出装置的孔。

立柱间距 A：双柱式压力机立柱内侧面之间的距离。

喉深 C：滑块中心线至机身的前后方向距离。

模柄孔尺寸 $d\times c$：安装冲模模柄的模柄孔“直径×孔深”。大型压力机没有模柄孔而是开设 T 形槽，以 T 形槽螺栓紧固上模。

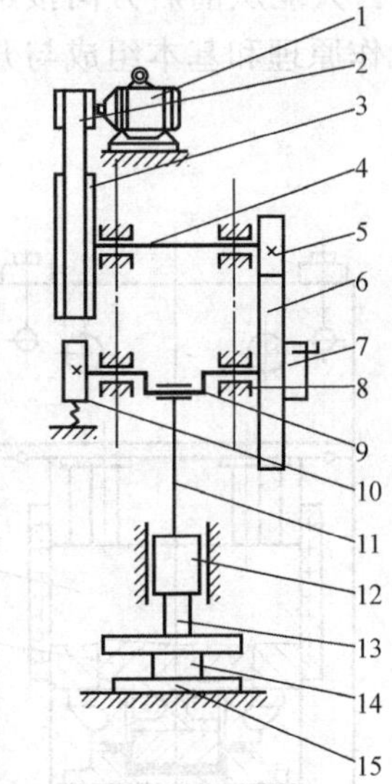

图 6-16　JC23-63 压力机运动原理图

1—电动机　2—小带轮　3—大带轮　4—中间传动轴　5—小齿轮　6—大齿轮　7—离合器　8—轴瓦　9—曲轴　10—制动器　11—连杆　12—滑块　13—上模　14—下模　15—垫板

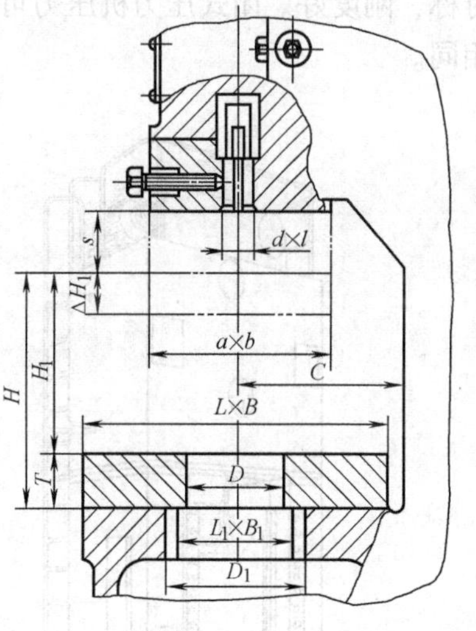

图 6-17　曲柄压力机的基本参数

表 6-8 是我国生产的常用开式压力机的技术参数。

表 6-8 常用开式压力机的主要技术参数

压力机型号		J23-10	J23-16F	JH23-25	JH23-40	JC23-63	JH21-80	JA21-160
标称压力/kN		100	160	250	400	630	800	1600
滑块行程/mm		45	70	75	80	120	160	160
滑块行程次数/（次·min^{-1}）		145	120	80	55	50	40 ~ 75	40
最大封闭高度/mm		180	205	260	330	360	320	450
封闭高度调节量/mm		35	45	55	65	80	80	130
喉深/mm		130	160	190	220	260	290	380
工作台尺寸/mm	前后	240	300	360	420	480	540	710
	左右	360	450	560	630	710	800	1120
垫板尺寸/mm	厚度	35	40	50	65	90	100	130
	孔径	ϕ130	ϕ160	ϕ180	ϕ200	ϕ230	ϕ260	ϕ400
模柄孔尺寸/mm	直径	ϕ30	ϕ40	ϕ40	ϕ50	ϕ50	ϕ50	ϕ50
	深度	50	60	60	70	80	60	80
电动机功率/kW		1.1	1.5	2.2	5.5	5.5	7.5	11.1

（二）闭式压力机

闭式压力机机身左右两侧是封闭的，如图 6-18 所示，只能从前后方向接送料，机身形状对称，刚度好。闭式压力机压力可达 2500kN 以上，工作原理和基本组成与开式压力机基本相同。

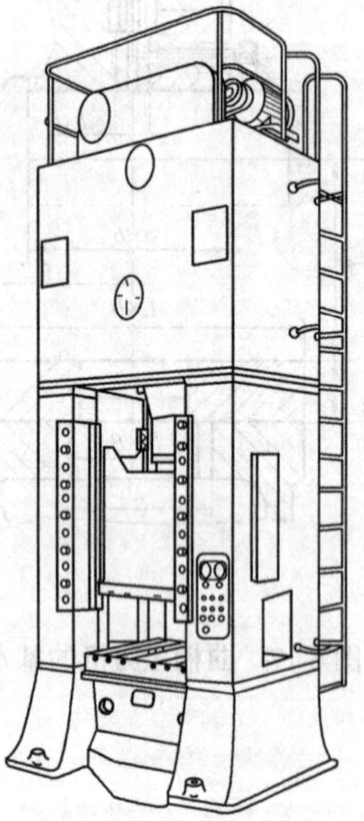

图 6-18 闭式压力机

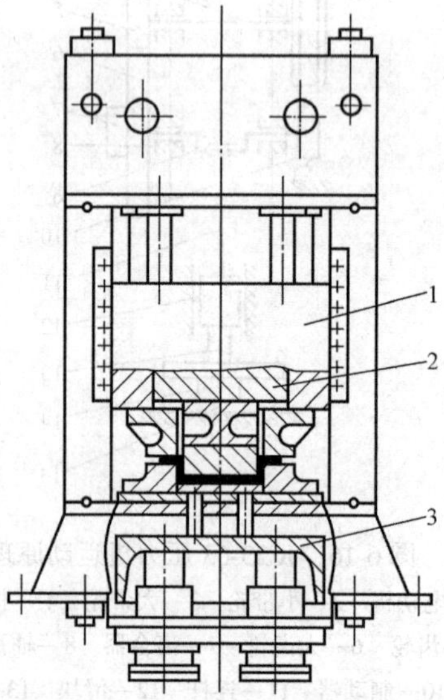

图 6-19 双动拉深液压机

1—外滑块 2—内滑块 3—拉深垫

二、双动拉深压力机

双动拉深压力机是具有两个滑块的压力机。以上传动式双动拉深机为例，它有一个外滑块、一个内滑块。外滑块用来落料或压紧坯料的边缘，防止起皱；内滑块用于拉深成形，如图 6-19 所示。外滑块在机身导轨上作下止点有“停顿”的上下往复运动；内滑块在外滑块的内导轨中作上下往复运动。

双动拉深压力机的工艺特点：拉深工艺除要求内滑块有较大的行程外，还要求内、外滑块的运动密切配合。在内滑块进行拉深之前，外滑块必须先压紧坯料的边缘；在内滑块进行拉深中，外滑块应该保持始终压紧的状态；拉深完毕，外滑块应稍滞后于内滑块回程，以便将拉深件从凸模上卸下来。

三、液压机

1. 液压机的基本工作原理

它是利用液体的压力能，靠静压作用使工件变形，使物料被压制成型的压力机械，因为它传递能量的介质为液体，故称为液压机。

液压机原理如图 6-20 所示，在一个充满液体的连通容器里，一端装有面积为 A_1 的小柱塞，另一端装有面积为 A_2 的大柱塞。柱塞和连通器之间设有密封装置，使连通器内形成一个密闭的空间，不使液体外泄。这样，当在小柱塞上施加一个外力 F_1 时，则作用在液体上的单位面积压力为 $p = F_1/A_1$。按照帕斯卡原理，这个压力 p 将传递到液体的各个部位，其数值不变，方向垂直于容器的内表面。因而在连通管另一端的大柱塞上，也作用着垂直于其表面的单位面积压力 p，使大柱塞上产生 $F_2 = pA_2 = F_1 A_2/A_1$ 的向上推力。

故只要施予小柱塞上一个较小的力，便可在大柱塞上获得一个很大的力。例如 Y32-300 压力机，高压泵提供液压油的压力为 20MPa，压力缸的工作活塞直径为 440mm，则活塞能获得 3000kN 的作用力。

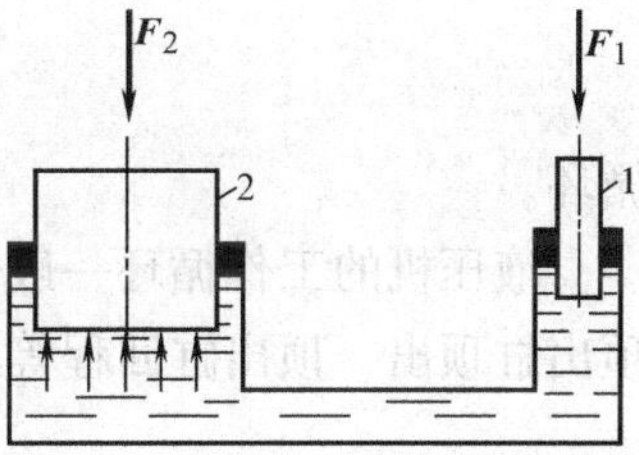

图 6-20　液压机的基本工作原理

1—小柱塞　2—大柱塞

2. 液压机的工作过程

液压机一般由本体和液压系统两部分组成，如图 6-21 所示。其本体是由上横梁、下横梁、四根立柱所组成的。每根立柱都用螺母分别与上、下横梁紧固联接在一起，组成一个封闭框架，该框架叫做机身。

工作时，全部工作载荷都由机身承受。液压机的各部件都安装在机身上，工作缸固定在上横梁的缸孔中，工作缸内装有活塞，活塞的下端与活动横梁相连接，活动横梁通过其上四个孔内的导向套导向，沿立柱上下滑动。活动横梁的下表面和下横梁的上表面都有 T 形槽用以安装模具，在下横梁的中间孔内还有顶出缸，供顶出工件或其他用途。工作时，在工作缸的上腔通入高压液体，在液体压力作用下推动活塞、活动横梁及固定在活动横梁上的模具向下运动，使工件在上、下模之间成形。回程时，工作缸下腔通高压液体推动活塞，使活动横梁向上运动，返回其初始位置。若需顶出工件，则在顶出缸下腔通入高压液体，使顶出活塞上升，将工件顶起。然后向顶出缸上腔通高压液体，使顶出缸回程，这样就完成了一个工作

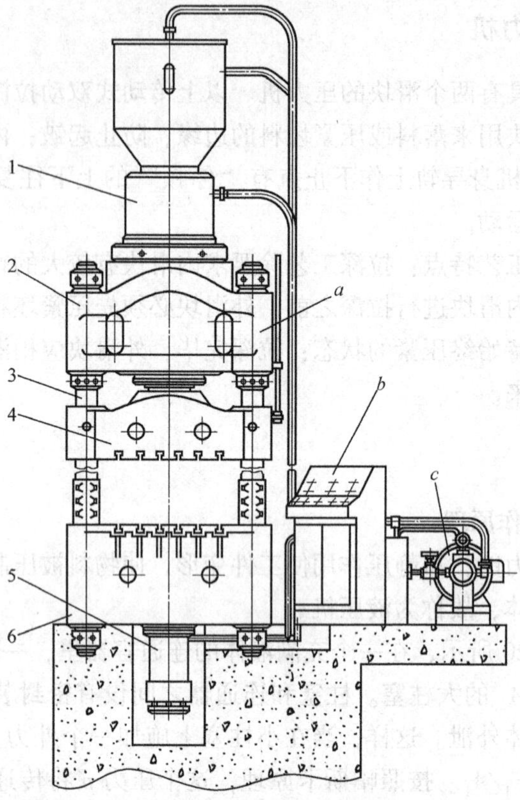

图 6-21　液压机外形简图

1—工作缸　2—上横梁　3—立柱

4—活动横梁　5—顶出缸　6—下横梁（工作台）

a—本体部分　b—操纵控制系统　c—动力部分

循环。

液压机的工作循环一般包括：空程向下（充液行程）、工作行程、保压、回程、停止、顶出缸顶出、顶出缸回程等。上述各个行程动作靠液压系统中各种阀的动作来实现。

四、冲压设备的自动化

现代冲压生产是一种大规模连续作业的制造方式，由于高新技术的融入，冲压生产方式由初期的手工操作逐步进化为集成制造。实现自动化冲压作业，体现安全、高效、节材等优点，已经是冲压生产的发展方向。

实现冲压生产自动化的方法有：

1）在普通压力机上安装自动送料、出件装置，这些装置主要有辊轴式、夹持式、钩式、转盘式、气动式、料斗式、滑动式和连续自动等各种系列，主要用于中、小型工件和产量不大的工件。

2）将送料装置（如数控送料）纳入压力机，构成自动化压力机。如高速精密冲裁压力机、高速自动冲裁压力机、连续自动压力机和万能弯曲机等。

3）单独驱动的自动送料系统装置。如卷料开卷机、矫平开卷机、专用装料机、专用卸料机、卷料收卷机等，这类装置与压力机配合可组装成机械化冲压生产线。

4）数控压力机由主机和数控装置两大部分组成。主机主要包括床身、送料机构和模具库。数控装置对主机和冲压过程进行控制、指挥。数控压力机突破了一机一模的概念，提高了压力机的通用性，缩短了生产周期，提高了工件的精密度。除此之外，还有冲压成形中心，冲压机器人，以此作为主体可以建立冲压柔性加工系统 FMS 等。

第五节 冲裁模的调试及试冲分析

一、冲裁模具的调试

冲裁模具的试冲和调整简称为调试。

冲裁模具在装配以后，必须在生产条件下进行试冲，并对冲裁件进行严格的检查。这是因为冲裁件的设计、冲压工艺、冲裁模的设计与制造，任何一个环节存在问题，都将在冲裁模的试冲中反映出来。试冲时可能产生各种缺陷，要仔细检查，并找出产生缺陷的原因，对模具进行适当的调整和修理。最后多次试冲，直到模具工作情况正常，并得到合格的冲裁件时才能交付使用。

（一）对成品冲裁模具的要求

1）能顺利地安装到指定的压力机上去。

2）能稳定地冲制出合格的冲裁件。

3）能安全地进行操作

（二）冲裁模的调试

冲裁模的调试是模具制造的最后也是最重要的一环，对模具的使用寿命和冲裁件的质量有着十分重要的影响。

1. 冲裁模安装前的准备工作

1）熟悉冲裁模具。应熟悉冲压件图样、冲压工艺、冲裁模结构和冲裁模安装图。

2）检查冲裁模的安装条件。如闭合高度是否与指定的压力机相适应；安装槽（孔）的位置是否与压力机上的一致；打料杆直径与长度是否与压力机上的打料机构相适应等。

3）检查压力机的技术状态。如压力机的制动、离合器、平衡气缸、压力系统及操作机构的工作是否正常。检查压力机上的打料螺栓，并将其调整到适当位置，以免在调节滑块的闭合高度时，顶弯或顶断压力机上的打料机构。

4）检查压力机的精度。如检查压力机滑块的间隙及滑块底面与工作台面的平行度误差等。

5）检查冲裁模具的送料、挡料、退料及定位等部位能否正常工作。

6）检查冲裁模具导向部分及安装底面有无碰伤，并擦净安装底面。

2. 在单动压力机上安装冲裁模的步骤

1）通过压力机的点动按钮或用手扳动飞轮，将压力机滑块慢慢升到上死点，擦净压力机台面、滑块底面及冲裁模的上下面，然后将冲裁模（合模状态）放在压力机工作台面的工作位置上。

2）用压力机行程尺检查压力机滑块底面至冲模上平面的距离是否大于压力机行程，必要时调节滑块高度。

3）将滑块降至下死点，然后调节滑块高度，使模柄逐渐进入模柄孔内（模柄孔结构如图6-22所示），最终使滑块底面与冲模上平面接触。

4）拧紧模具夹持块上的螺钉，将上模紧固在压力机滑块上，并将下模座初步固定在压力机台面上（不拧紧螺钉）。

5）将滑块向上调（以免将冲模顶死），然后开动压力机，把滑块升到上死点。松开下模座的安装螺钉，让滑块空行程数次，再把滑块降到下死点停住。

6）拧紧下模座的螺钉，然后开动压力机，使滑块升到上死点。

7）在导柱上加润滑油，并检查冲模工作部分有无异物，然后开动压力机使滑块空行程数次，检查导柱与导套的配合情况。如果发现导柱不垂直或与导套配合不好时，应将冲裁模拆下来修理。

8）进行空车试冲，并逐步调节滑块，达到所需高度。

9）如果上模座有打料杆，则调节压力机上的打料螺栓到适当高度。

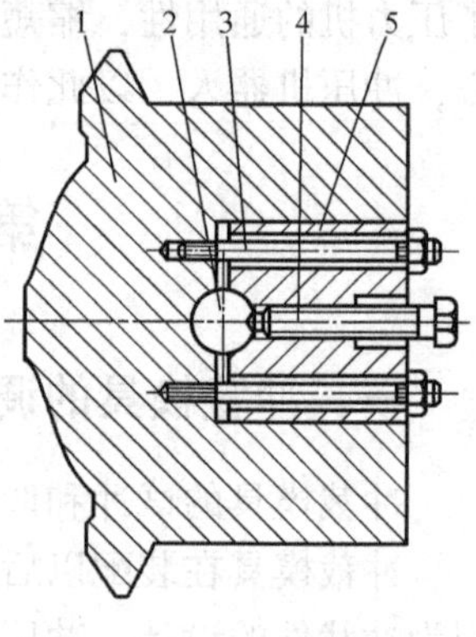

图6-22　模柄孔结构图

1—滑块　2—模柄孔　3—螺钉　4—顶丝　5—模具夹持块

10）开动压力机进行低速空试，如一切正常且凸、凹模刃口相互进入0.5～1mm料厚时，可以开始试冲。

3. 用指定的坯料在冲裁模上进行试冲

4. 根据试冲时出现的质量缺陷，分析产生的原因，设法加以解决。试冲时产生缺陷的原因和调整方法见表6-9

5. 排除影响安全生产、质量稳定和操作方便的因素

冲裁模具经过调试，清除了各种故障、缺陷和影响安全生产的因素等，使模具和冲裁件均已符合图样的技术要求后，还要进行交付使用前的试冲。试冲时至少要连续冲出100～150个合格的冲裁件，才能将模具交付生产使用。

二、冲裁模试冲时产生的缺陷和调整方法（见表6-9）

表6-9　冲裁模试冲时的缺陷和调整方法

冲裁模试冲时的缺陷	产生原因	调整方法
送料不畅通或料被卡死	两导料板之间的尺寸过小或有斜度 凸模与卸料板之间的间隙过大，使搭边翻扭 用侧刃定距的冲裁模，导料板的工作面和侧刃不平行，使条料卡死 侧刃和侧刃挡块不密合形成的毛刺，使条料卡死	根据情况锉修或重装导料板 减小凸模与卸料板之间的间隙 重装导料板 修整侧刃挡块，消除间隙

（续）

冲裁模试冲时的缺陷	产 生 原 因	调 整 方 法
刃口相咬	上模座、下模座、固定板、凹模、垫板等零件安装面不平行 凸模、导柱等零件安装不垂直 导柱与导套配合间隙过大，使导向不准 卸料板的孔位不正确或歪斜，使冲孔凸模位移	修理有关零件，重装上模或下模 重装凸模或导柱 更换导柱或导套 修正或更换卸料板
卸料不正常	由于装配不正确，卸料机构不能动作；如卸料板与凸模配合过紧或因卸料板倾斜而卡紧 弹簧或橡胶的弹力不足 凹模和下模座的漏料孔没有对正，料不能排出 凹模有倒锥度造成工件堵塞	修理卸料板、顶板等零件 更换弹簧或橡胶 修整漏料孔 修整凹模
冲件质量不好	刃口不锋利和淬火硬度低 配合间隙过大或过小 间隙不均匀使冲件一边有显著的毛刺	合理调整凸模和凹模的间隙，及修整模具工作部分的刃口
	凹模有倒锥度 顶料杆和工件接触面过小 导正销与预冲孔配合过紧，将冲件压出凹陷	修整凹模 更换顶料杆 修整导正销
	挡料销位置不正 落料凸模上导正销尺寸过小 导料板和凹模送料中心线不平行使孔位置偏斜 侧刃定距不准	修整挡料销 更换导正销 修整导料板 修磨或更换侧刃

参考文献

[1]　张鼎承. 冲模设计手册［M］. 北京：机械工业出版社，1988.
[2]　钟书斌. 冲压工艺与模具设计［M］. 北京：机械工业出版社，2000.
[3]　翁其金. 冲压工艺及冲模设计［M］. 北京：机械工业出版社，1999.
[4]　骆志斌. 模具工实用技术手册［M］. 南京：江苏科学技术出版社，2000.